Karina Mahnke

ulmer

Powerspiele für Hütehunde

Alltagstraining für Aussies, Border Collies & andere Workaholics

3., aktualisierte Auflage

Leidenschaft Hütehund

Wenn Sie für Ihren Hütehund Beschäftigung suchen, bei der er nicht einmal Schafe vermisst, dann sind Sie hier genau richtig. Denn hier finden Sie Arbeitsmöglichkeiten für Ihren vierbeinigen Begleiter, die Sie einfach im Alltag umsetzen können. Sie benötigen kein spezielles Zubehör und müssen dafür auch nicht extra auf Hundeplätze fahren. Alles was Sie brauchen, bietet sich auf jedem Spaziergang. Und ganz nebenbei kann Ihr Hund dabei sogar Dinge lernen, die sich im Alltag als äußerst nützlich erweisen.

Denn mein Ziel ist es, Ihnen eine alltagstaugliche Zusammenstellung ausgewählter Beschäftigungen für Ihren Hütehund zu bieten – so entwickelt er sich zu einem zufriedenen und ausgeglichenen Begleiter.

Schauen Sie einfach erst einmal, welche Themen Sie ansprechen. Sie brauchen nicht das ganze Buch von vorne nach hinten durchzuarbeiten. Wenn Sie ein Kapitel entdecken, das Sie interessiert, dann lesen Sie es einfach – und setzen Sie die Übungen um, die Ihnen und Ihrem Vierbeiner Freude bereiten. In diesem Sinne: Viel Spaß – Ihnen und Ihrem Hund!

Das steckt im Buch

Typisch Hütehund

Arbeiter an der Herde

Um Hütehunde zu verstehen, muss man sich ansehen, wo deren ursprünglicher Einsatzbereich liegt. Denn Hütehunde sind Spezialisten mit ganz besonderen Eigenschaften: Sie müssen nicht nur wendig und reaktionsfähig sein, sondern auch bestimmte Voraussetzungen im Beuteverhalten aufweisen.

Mit Behüten hat Hüten nämlich nichts zu tun, sondern ist ein regelrecht übersteigertes Beuteverhalten in bestimmten Jagdsequenzen. So zeigen Hütehunde eine besondere Ausprägung im Orten, Folgen, Fixieren, Anpirschen, Hetzen und Stellen der Beute. Das Reißen der Beute ist natürlich gar nicht erwünscht und das Packen nur in bestimmten Zusammenhängen und nie mit Verletzungen. Wie deutlich diese einzelnen Jagdsequenzen sind, unterscheidet sich dann noch bei den unterschiedlichen Rassen.

Vielfach werden alle Hunde, die einem Schäfer oder Hirten helfen, grundsätzlich erst einmal logisch Schäfer- oder Hirtenhund genannt. Allerdings gibt es drei große Gruppen von Hunden, die durchaus unterschiedliche Aufgabenbereiche an Herden haben:

- Hüte- oder Schäferhunde
- Treib- oder Kuhhunde
- Herdenschutz- oder Hirtenhunde

Leider lässt die Bezeichnung einer Rasse nicht immer einen eindeutigen Rückschluss auf ihr Einsatzgebiet zu. Vielfach ist es notwendig, sich genau mit dem Ursprung einer Rasse zu beschäftigen, um sie zuordnen zu können. Eine besondere Ausnahme im Namen stellt zum Beispiel der Tibet Terrier dar – er ist ursprünglich ein Hütehund.

Hütehunde arbeiten in erster Linie an Schafen, Treibhunde an Rindern. Aber sie alle werden je nach Bedarf und individueller Eignung auch an anderen Tieren eingesetzt.

Hütehunde

Hütehunde helfen dem Schäfer oder Hirten, seine Herde zusammenzuhalten und sie von einem Ort zum anderen zu bringen. Es ist ein sehr traditioneller Job, für den sich in den unterschiedlichen Landschaften und Lebensbedingungen verschiedene Typen von Hunden herausgebildet haben. Trotz aller Unterschiede ist ihnen einiges gemeinsam: Sie alle arbeiten am Rand der Herde um sie herum und sie dürfen keines der Tiere verletzen oder gar reißen. Auf Anweisung des Schäfers hin kann das Zupacken aber dennoch erwünscht sein.

Viele Hütehunde treiben die Herde nicht nur durch ihre Annäherung an, sondern auch durch Bellen. Beim Treiben von Rentieren ist das Bellen besonders wichtig, sodass die skandinavischen Hütehunde in der Regel sehr bellfreudig sind.

Koppelgebrauchshunde

Besondere Spezialisten unter den Hütehunden haben sich durch die Koppelhaltung von Schafen entwickelt. Denn hier wurden Hunde gebraucht, die für spezielle Feinarbeit eingesetzt werden können. Diese Hunde haben eine derart starke Ausprägung im Fixieren und Anpirschen, dass sie Schafe nur durch ihren Blick aus einigem Abstand dirigieren können.

Hütehunde als Begleithunde

Viele Hütehunde haben Ihren Weg als Begleithund gefunden, worüber bei vielen Hunden die alten Arbeitseigenschaften abgeschwächt wurden. Das bedeutet aber nicht, dass damit automatisch der Hund problemlos als Haushund zurechtkommt, weil natürlich die alten Eigenschaften lange erhalten bleiben oder verändert auftreten können. Holen Sie sich aber in jedem Fall keinen Hund aus einer Leistungslinie. Denn bei diesen Zuchten ist die Wahrscheinlichkeit, dass der Hund wirkliche Arbeit braucht, sehr groß.

Ein Border Collie bei der Arbeit.

Weiterhin verfügen Sie in der Regel über eine besondere Ausprägung im Stellen, sodass sie dazu tendieren, an die Köpfe der Schafe zu gelangen. Die Hauptvertreter dieser Gruppe sind Border Collie und Kelpie.

Schäferhunde

Eine weitere Spezialisierung unter den Hütehunden bilden Schäferhunde, die in der Zucht darauf ausgelesen wurden, Schafe besonders gut auf Wegen zu begleiten oder auf Wiesen zu halten. Man nennt sie auch Tending Dogs. Dieser Einsatzbereich wurde notwendig, als man mit zunehmender Industrialisierung in der Wanderschäferei immer mehr Ackergrenzen beachten musste und eine Herde nicht mehr einfach frei grasen lassen konnte.

Es wurden Hunde gebraucht, die solche Landschaftsgrenzen erkannten und bei Bedarf am Rand der Herde durch Hin- und Herlaufen als lebendiger Zaun fungierten, dies wird als „Furche laufen" bezeichnet. Bricht eines der Schafe dennoch aus einer solchen Linie aus, soll der Schäferhund das Tier quasi als

Viele Schäferhunde behalten eine Herde auch ohne die Aufsicht des Schäfers dauerhaft unter Kontrolle.

Abmahnung über den Rücken packen, damit es zur Herde zurückkehrt. Daher hat dieser Typ Schäferhund eine besondere Ausprägung im Hetzen und Packen. Viele besitzen eine deutliche Veranlagung zum Folgen der Beute.

Die großen französischen Schäferhunde, wie der Picard, oder die Altdeutschen Hütehunde gehören beispielsweise diesem Typ an. Von ihnen gehütete Schafherden erkennt man häufig an den geraden Seiten, die Herde kann regelrecht im Rechteck stehen. Bei den übrigen Hütehunden formieren sich die Herden kreisförmig.

Diese Gruppe von Schäferhunden unterscheidet sich also in so vielen Punkten von den übrigen Hütehunden, dass man sie eigentlich genauso gesondert betrachten muss wie die Treibhunde.

Die Einsatzbereitschaft der kleineren Sennenhundrassen darf man nicht unterschätzen.

Treibhunde

Treibhunde arbeiten von hinten an den Tieren und gehen auch zwischen die Tiere. Sie arbeiten sehr dicht und haben eine starke Veranlagung zum Hetzen und Packen. Besonders typisch ist für diese Gruppe Hunde das Packen in die Fesseln, was für das Treiben von Rindern besonders effektiv ist, bei Schafen aber schnell zu Verletzungen an den zarten Beinen führen kann.

Der Australian Cattle Dog ist ein typischer Vertreter der Treibhunde. Aber auch Appenzeller und Entlebucher Sennenhund sind auch heute noch aktive, wendige Treibhunde, die gleichzeitig eine starke Veranlagung zur territorialen Verteidigung haben.

Der Australian Shepherd ist in seinem Ursprungsland Amerika viel an Rindern eingesetzt worden, sodass er häufig deutliche Treibhundeigenschaften erkennen lässt: Viele Aussies zeigen das Packen in die Fesseln.

Herdenschutzhunde

In abgelegenen Gegenden wurden Hunde gebraucht, die die Herde auch in Abwesenheit des Schäfers sowohl vor Raubtieren als auch vor Dieben beschützten. Herdenschutzhunde sind große kräftige Hunde, die einen ausgeprägten Sinn zur territorialen Verteidigung haben.

Zur Bindung an die Schafe werden sie unter den Schafen großgezogen, sodass sie auf sie sozialisiert werden und dann kein Beuteverhalten gegenüber den Schafen zeigen. Aufgrund ihrer langsamen Verhaltensentwicklung ist das besonders gut möglich. Weiterhin ist ihr Beuteverhalten häufig generell nicht besonders ausgeprägt, obwohl auch Herdenschutzhunde durchaus Beuteverhalten gegenüber Tierarten, auf die sie nicht sozialisiert sind, zeigen können. Denn es ist durchaus von Vorteil, wenn sich Herdenschutzhunde durch Erjagen von Beute selbst versorgen, sofern sie dadurch ihre Herde nicht im Stich lassen. Beim Kangal ist zum Beispiel das Beuteverhalten deutlich vorhanden. Herdenschutzhunde bleiben selbstständig und unabhängig vom Schäfer bei der Herde und erfüllen ihren Job ohne gezieltes Training aufgrund ihrer Veranlagung. Weiterhin gibt es auch Herdenschutzhunde mit gewissen Hüteeigenschaften und Hütehunde mit gewissen Herdenschutzhundeigenschaften.

In jedem Fall sind Herdenschutzhunde sehr eigenständige Hunde, die nur in Hände gehören, die sich mit diesem Typ Hund wirklich auskennen oder natürlich in ihrem ursprünglichen Einsatzbereich. Vielfach arbeitet an der Seite eines Herdenschutzhundes ein Hütehund für Bewegungen der Herde, wie beispielsweise der Pon neben dem Owczarek Podhalanski.

Spiele, die Hütehunde spielen

Durch ihre besonderen Veranlagungen zum Hüten neigen Hütehunde dazu, diese Eigenschaften im Spiel zu zeigen. Sie lieben Beutespiele in jeder Lebenslage. Sie möchten etwas, das sich bewegt oder bewegen könnte, unbedingt beglotzen, belauern, hinterherrennen und unter Kontrolle bringen.

Ist mein Mischling ein Hütehund?

Im Spiel verraten manche Mischlinge, welche Veranlagung in ihnen steckt. Wenn Ihr Hund gerne fixiert und anpirscht, ist die Beteiligung eines Hütehundes sehr wahrscheinlich. Treibhunde schnappen im Spiel viel nach den Fesseln, Schäferhunde packen andere Hunde gerne mal über den Rücken.

Spielen!

Spiel macht in erster Linie Spaß, auch ohne Sinn und Verstand. Es verursacht ein unglaublich gutes Gefühl, bei dem alle schlechten Erlebnisse in den Hintergrund treten. Im Spiel werden alle Verhaltensweisen gezeigt, die auch für den Ernst des Lebens gebraucht werden, aber ohne sinnvollen Zusammenhang. Es ist einfach nur lustig. Die Bewegungen werden übertrieben und wirken häufig richtig albern. Am Gesicht sieht man den Hunden den Schalk an, sodass man auch von einem Spielgesicht spricht.

Grundsätzlich macht Spiel aber nicht nur Spaß, sondern schult die Reaktionsfähigkeit, Flexibilität, Umsetzung von Ideen, Körperbeherrschung und natürlich die sozialen Fähigkeiten und die Geschicklichkeit für die Jagd, also bei Hütehunden das Hüten.

Die Voraussetzung zum Spielen ist ein entspanntes Umfeld. Gespielt wird mit Sozialpartnern, zu denen man Vertrauen hat. Hunde, die in ihrer Welpenzeit nicht so gut auf Menschen sozialisiert wurden, können zu speziellen Menschen Vertrauensverhältnisse aufbauen und dennoch nicht die Fähigkeit haben, mit ihnen zu spielen. Haben Sie einen solchen Hund, grämen Sie sich nicht, wenn Ihr Hund höchstens mit einem Spielzeug mit Ihnen spielt. Er hat einfach als Welpe nicht gelernt, wie er mit der fremden Art Mensch spielen könnte.

Tipp

Gemeinsames Spielen stärkt die Bindung und das Vertrauen.

Spielen will gelernt sein

Welpen müssen mit gleichaltrigen Welpen spielen, um sich optimal entwickeln zu können und sich später auf verschiedene Hundetypen einstellen zu können.

Einfach zusammen Spaß haben!

Auch mit Menschen müssen sie spielen, um diese artfremde Spezies besonders gut kennenzulernen.

Versucht man, sich für ein Spiel mit seinem Hund zu benehmen wie ein Hund, sieht man den Hunden häufig an, dass man auf sie wirkt, als ob man ein wenig gestört wäre. Manche Hunde sind sogar richtig verunsichert. Mit anderen Hunden kann man wiederum so auf einer Wellenlänge liegen, dass alles klar ist und man einfach Spaß zusammen hat.

Setzen Sie sich also nie unter Druck, dass irgendein bestimmtes Spiel mit Ihrem Hund funktionieren müsste. Spielen Sie einfach das, was entspannt für beide Seiten funktioniert. Denn wenn es irgendeine Regel für Spiel gibt, dann die, dass es entspannt sein soll!

Stress lass nach

Als Ausnahme von der Regel mit dem entspannten Umfeld fürs Spielen, können Hunde Spiel auch aktiv zur Auflockerung angespannter Situationen nutzen. Dies wird von Menschen leider häufig falsch verstanden, solches Verhalten sogar oft als „Veräppeln" und „Aufmüpfigkeit" missverstanden. Denn wenn der eigene Hund mit einigem Abstand um einen herumhoppst, während man selbst vor Wut kocht oder einfach nur ungeduldig ist, kommt man sich eindeutig auf den Arm genommen vor. Aber von Seiten des Hundes sieht die Betrachtung ganz anders aus. Dieser reagiert nämlich in diesem Fall auf die schlechte Stimmung seines Besitzers und schwenkt aus seiner Sicht mit seinem Verhalten die Weiße Fahne. Nehmen Sie in einem solchen Fall das sozial kompetente Verhalten Ihres Hundes an. Entspannen Sie sich und dann wird es auch Ihr Hund tun.

Bei Begegnungen unter Hunden werden oft spielerisch anmutende Verhaltensweisen zur Beschwichtigung eingesetzt. Von echtem Spiel kann man dies an einigen Anzeichen unterscheiden. Denn der beschwichtigende Hund sieht sich in der Regel einem stark imponierenden oder gar drohenden Hund gegenüber oder steht kurz davor, sexuell bedrängt zu werden. Daher hat der betroffene Hund eine angespanntere Körperhaltung als im Spiel. An der Mimik lassen sich je nach Situation auch Anzeichen von Angst erkennen, wie aufgerissene Augen, unruhiger Blick und angelegte Ohren. Der Schwanz kann sogar eingezogen gehalten werden.

So eine Situation kann sich sehr verschieden entwickeln. Der imponierende Hund kann die Beschwichtigung annehmen und seiner Wege gehen oder – seltener – kann sich natürlich auch noch ein echtes Spiel entwickeln. Es gibt aber auch Situationen, in denen der imponierende Hund den beschwichtigenden weiter bedrängt. Dann sollten beide Hundebesitzer ihren Weg fortsetzen, sodass der beschwichtigende Hund aus der für ihn bedrängenden Situation herauskommen kann.

Generell nach stressigen Situationen können Hunde in einer spielerischen Rennattacke, einem Buddelanfall oder an einem Spielzeug regelrecht ihren Stress ablassen. Freuen Sie sich über Ihren Hund, wenn er zu den Hunden gehört, die ihr Stressventil im Spiel und in der Bewegung suchen. Es ist eine besonders problemlose und gesunde Methode!

Welpen und junge Hunde bekommen Rennattacken einfach aus überschüssiger Energie heraus. Erzieherisches Eingreifen ist hier nicht nötig. Lassen Sie Ihren Hund einfach, gucken zu wie bei einer guten Fernsehsendung und freuen sich an der Showeinlage Ihres Hundes.

Pure Lebensfreude wirkt ansteckend!

Lernen im Spiel

Natürlich kann Spielen bewusst eingesetzt werden. So kann man vor allem bei sozial kompetenten Althunden im Umgang mit jungen Hunden beobachten, wie sie die eine oder andere soziale Regel im Spiel umsetzen. Dies wird dann besonders geschickt verpackt und kein Exempel statuiert, sondern elegant ins Spiel eingebunden.

Auch soziale Rollen können spielerisch klargemacht werden. Dabei kann der Übergang vom Spiel zum Ernst allerdings fließend sein.

Als Mensch kann man Spiel gezielt als Belohnung einsetzen. Zur Festigung eines bereits gelernten Signals hält man im Spiel inne, fordert das Signal und setzt für die richtige Ausführung das Spiel zur Belohnung fort. Wenn man besonders geschickt ist, lassen sich im Spiel auch neue Lerninhalte aufbauen.

Für Welpen und junge Hunde ist es ganz besonders wichtig, dass sie den Umgang mit menschlicher Haut erlernen. Beginnen Sie dafür ein Spiel mit Ihrer Hand und dem Hundemaul. Solange Ihr Welpe für seine Verhältnisse durchschnittlich zubeißt, spielen Sie weiter. Schlägt er über die Stränge, gibt es eine abrupte Spielunterbrechung. Sowie der kleine Hund bemerkt hat, dass das Spiel zu Ende sein könnte, spielen Sie weiter. Im Verlauf vieler Spiele werden Sie so den Durchschnitt an Grobheit Ihres Hundes allmählich verbessern können. Ist er einmal besonders grob geworden, ist das Spiel sogar ganz vorbei. Aber meistens sollte natürlich der

Na, dann wollen wir mal sehen, ob du das schon verstehst.

Spaßfaktor überwiegen und Sie einfach irgendwann freundlich das Spiel ausklingen lassen. Durch solche Beißspiele erlernt Ihr Hund eine gute Beißhemmung. Mit Hunden erlernt er sie im Spiel mit gleichaltrigen Welpen und sozial kompetenten Althunden.

Alle Welpen spielen am liebsten Beißspiele. So ist gesichert, dass sie eine gute Beißhemmung erlernen können. Sie brauchen Ihrem Welpen also nur noch die passenden Gelegenheiten zu ermöglichen.

Spiel unter Hunden

Spiel macht gute Laune für alle Beteiligten. Jeder ist mal dran, jeder ist fröhlich. Als Hundebesitzer weiß man, dass es nichts Schöneres für einen Hund gibt als mit seinem besten Kumpel zu toben. Hunde können sehr erfinderisch im Spiel sein und zwei, die sich gut verstehen, können ihre Besitzer immer wieder neu überraschen.

Natürlich finden Hütehunde Hütespiele lustig. Am meisten Spaß macht es, wenn der Spielpartner darauf eingeht und selber einen Sinn fürs Hüten hat. Dann schmeißen sich die Hunde zwischendurch auch mal auf die Erde und belauern sich in liegender Position. Sie fixieren sich gegenseitig und warten, wer zuerst losläuft. Unbedingt soll der andere loslaufen und sich spielerisch als Schaf zur Verfügung stellen. Manche bellen beim Rennen wie die Wahnsinnigen, sind hinterher völlig außer Atem und strahlen förmlich über das ganze Gesicht.

Spiel junger Hunde

In den ersten 16 Lebenswochen überwiegen im Allgemeinen bei Hunden Beißspiele. Ab 16 Wochen nehmen Jagdspiele deutlich zu. Viele junge Hütehunde zeigen bereits viel früher im Spiel Beuteverhaltensweisen und teilweise sogar ernsthafte Beuteambitionen – als ob sie schon erwachsen wären.

Spiel oder Ernst?

Manchmal kann die Begeisterung an einem spielerischen Jagdspiel so groß werden, dass sie in deutliches Beuteverhalten übergeht. Ob es sich noch um ein Spiel handelt, können Sie daran erkennen, dass die Rollen wechseln und die Spielpartner übertriebene Bewegungen bei einer eher lockeren Körperhaltung machen.

Wird einer der Partner zielgerichteter oder erregter und einseitig in seiner Haltung zum anderen Hund, kann das Spiel für den Hund, der die Beute darstellt, mehr als unangenehm werden. Er merkt, dass er nun wirklich zur Beute geworden ist und wird versuchen, die Situation irgendwie zu ändern. Je nach Hund entwickelt sich die Situation unterschiedlich. Der betroffene Hund kann innehalten und versuchen, den hütenden Hund mit freundlichem Sozialverhalten zu beschwichtigen, so als ob er sagen wollte: „ Hallo, ich bin es doch, ein netter Hundekumpel, kein Schaf.“ Findet er damit kein Gehör, weil der andere Hund komplett auf Beutemodus umgeschaltet hat, wird die Situation immer auswegloser. Nicht selten entstehen Keilereien, weil es dem betroffenen

Selbstvergessen miteinander im Glück.

Hund einfach zu viel wird bzw. er das Gefühl bekommt, sich verteidigen zu müssen. Es gibt auch Hunde, die solche Situationen direkt mit einer Keilerei beantworten, oder Hunde, die panisch flüchten. Als Beute missbraucht werden am häufigsten kleine und/oder besonders schnelle, wendige Hunde. Auch ängstliche Hunde können mit hektischen Bewegungen Beuteverhalten auslösen.

Kritische Situationen entstehen meistens bei Rennspielen. Besonders unangenehm für den als Beute betroffenen Hund sind die Sequenzen des Packens. Das Packen ist bei Schäferhunden am Greifen über den Rücken zu beobachten und bei Treibhunden am Schnappen nach den Hinterbeinen.

Ist ein Spiel gekippt und eine hohe Erregung liegt in der Luft, ist es am besten, mit seinem Hund einfach weiterzugehen, damit sich alle Gemüter erst einmal wieder beruhigen können.

Gehört Ihr Hund zu denen, die sich in ihrer Begeisterung verlieren können, rufen Sie ihn immer mal zu sich und belohnen ihn dafür, bevor er sich zu sehr ereifert. So können Sie verhindern, dass dem Hundkumpel mulmig wird und erhalten Ihrem Hund den Spielpartner.

Spiel mit Spielzeug

Spielzeuge werden großteils als Ersatzbeute betrachtet, sodass ein spielender Hütehund an einem Spielzeug verschiedene Jagdsequenzen zeigt. Er hetzt gerne hinterher, um es zu stellen, zu fixieren oder zu packen. Hat er es im Maul, kann er es wie aus Versehen fallen lassen, um es erneut stellen zu können. Auch begeistertes Wälzen mit oder auf dem Spielzeug ist zwischendurch möglich.
Besonders fixierbegeisterte Hunde stoßen ein Spielzeug einfach nur mit der Nase an oder kommen sogar auf die Idee, ein Spielzeug im Maul zu halten, mit dem sie dann ein anderes anstoßen, damit es wegrollt. So können sie das sich bewegende Spielzeug anglotzen, ohne es zwischendurch packen zu müs-

sen. Wahrscheinlich können sie sich so einbilden, dass ihr Fixieren gereicht hat, damit es sich bewegt.

Hunde, die beim Hüten über Bellen arbeiten, bellen das liegende Spielzeug auch mal einfach an und springen dann darauf zu, sodass sie es wie aus Versehen anstoßen und es wegrollt. So scheint sich das Spielzeug durch das Bellen und Daraufzuspringen antreiben zu lassen.

Beobachten Sie Ihren Hund beim Spielen. So erhalten Sie einen guten Eindruck von seinen Vorlieben.

Ich hab' es!

Vorsicht Suchtgefahr!

Hütehunde neigen dazu, sich bei Spielzeug, das leicht rollt oder sich von alleine bewegt, in ihr Hüteverhalten so hineinzusteigern, dass es zur Sucht wird. Auch stumpfes Werfen eines Spielzeugs fördert besonders schnell die Entstehung eines Junkies.

Erkennen können Sie das daran, dass ein betroffener Hund permanent eine angespannte Körperhaltung zeigt und all seine Sinne zielgerichtet nur auf das Spielzeug fixiert. Die übrige Umwelt interessiert ihn nicht mehr. Er ist nur schwer ansprechbar und hat Schwierigkeiten, von alleine aufzuhören. Häufig dauert es sogar eine Weile, bis sich der Hund wieder entspannt, wenn man das Spielzeug weggelegt hat.

Trifft das auf Ihren Hund zu, achten Sie darauf, dass er mit entsprechenden Spielzeugen möglichst keinen Kontakt mehr hat. Mit manchen Hunden kann man auch kontrolliert mit einem derart wichtigen Spielzeug spielen, aber bei vielen ist der Entzug des Rauschmittels der richtige Weg. Versuchen Sie, einen anderen Typ Spielzeug für ein entspanntes Spiel zu nutzen.

Vorbeugung einer Spielzeugsucht

- Stellen Sie Ihrem Hund nur Spielzeuge zur freien Verfügung, die sich nicht leicht rollen lassen.
- Spielen Sie mit Ihrem Hund immer so, dass er sein Gehirn anstrengen muss, indem Sie Signale von ihm fordern, bevor er sein Spielzeug wieder bekommt. Denn Konzentration ist der Gegenspieler zur Erregung
- Vermeiden Sie, dass andere Leute Ihrem Hund einfach immer wieder etwas werfen.
- Spielen Sie nur so oft und so lange oder eben nur so selten und so kurz mit Ihrem Hund mit Spielzeug, wie er locker und fröhlich dabei ist. Er muss ansprechbar sein und nicht so erregt, dass ihm fast schon der Wahnsinn ins Gesicht geschrieben steht.

Menschliche Spielregeln

Es gilt natürlich immer die Grundregel, dass es nur dann ein Spiel ist, wenn die Körperhaltung entspannt und locker ist und die Bewegungen immer wieder übertrieben wirken. Wie bei jedem Spiel gibt es ein paar Regeln, die berücksichtigt werden müssen.

Spielregel Nr. 1: Sanfter Umgang

Im Spiel muss Ihr Hund seine Zähne so vorsichtig einsetzen, dass Sie keine Kratzer bekommen. Genau wie beim Spiel mit einem Welpen (siehe Seite 14/15) gibt es eine Spielpause, wenn Ihr Hund etwas zu grob war und ist sogar zu Ende, falls er Ihnen wirklich wehgetan hat. Achten Sie aber selbst ebenfalls auf einen sanften Umgang. Sonst legt Ihr Hund Ihre Grobheit zur Aufforderung zum Grobsein aus.

Vor allem ins Spiel mit Spielzeug können sich manche Hunde so hineinsteigern, dass der Übergang zum echten Beuteverhalten gegenüber der Ersatzbeute Spielzeug fließend wird. Damit und/oder mit einer hohen Erregung steigt die Wahrscheinlichkeit, dass Ihr Hund zu fest zupackt. Passiert das, brechen Sie das Spiel ab. Ihr Hund muss in jedem Falle umschalten können, wenn er menschliche Haut im Maul spürt.

Üben Sie im Spiel, dass Ihre Hand auch bei einem Spiel mit Spielzeug ins Hundemaul gelangen kann. Schieben Sie Ihrem Hund mit dem Spielzeug zusammen Ihre Hand ins Maul. Stellt er sich darauf ein und ist vorsichtig, geht das Spiel weiter. Erwischt er Sie zu grob, gibt es abrupt eine kurze Spielpause. Sowie Ihr Hund merkt, dass Sie möglicherweise nicht weiterspielen, geht das Spiel weiter. Im Verlauf vieler Spiele

Upps, da ist ja ein Stück Hand mit dazwischen gekommen.

wird Ihr Hund immer schwerer hereinzulegen sein und ständig damit rechnen, dass er ein Stück Hand mit ins Maul bekommen kann.

Wählen Sie als Spielende möglichst Momente, in denen alles gut ist. Aufhören, wenn es am schönsten ist, ist auch für Hunde eine gute Regel. Allerdings soll es dann nicht abrupt enden, sondern mit freundlichen Worten oder einer abschließenden Lieblingsübung, die mit Futter belohnt wird. Denn das Spielende soll ja von Ihrem Hund nicht als strafendes Ignorieren empfunden werden.

Im Alter kann ein Hund seine Bewegungen nicht mehr so gut koordinieren wie in jüngeren Jahren. Das betrifft auch den Kiefer, sodass manche Hunde daher im Alter grob werden, ohne dass sie etwas dafür können. Seien Sie verständnisvoll mit Ihrem Hundesenior und gestalten das Spiel und auch das Geben von Leckerchen möglichst so, dass keine Unfälle passieren.

Spielregel Nr. 2: Pfoten am Boden

Die meisten Hundebesitzer (oder ihr Umfeld) wünschen sich, dass ein Hund niemanden anspringt. Das Spielen bietet hierfür eine tolle Übungsmöglichkeit, denn im Spiel ist der Hund freudig erregt und neigt in seiner Begeisterung zum Springen.

Achten Sie darauf, dass Sie mit Ihrem Hund auf seiner Höhe spielen, sodass er erst gar nicht auf die Idee kommt, zu springen. Springt er dennoch, unterbrechen Sie das Spiel sofort, bis Ihr Hund wieder alle vier Pfoten auf dem Boden hat. So lernt Ihr Hund, sich auch bei großer Erregung zu beherrschen, weil er weiß, dass das Spiel nur weitergeht, wenn er in der Waagerechten bleibt.

Ist es für Ihren Hund zur Gewohnheit geworden, beim Spielen nicht zu springen, können Sie ihn auch mal in Versuchung führen und sich weiter aufrichten oder das Spielzeug höher halten. Springt er, geht das Spiel nicht weiter, bis er damit aufhört. Halten Sie anfangs zur Sicherheit Ihre Hände und das Spielzeug hinter Ihren Rücken, sodass Ihr Hund mit dem Springen auf keinen Fall Erfolg haben kann. Denn je öfter Ihr Hund Ihnen ein Spielzeug aus der Hand reißt oder einfach an Ihnen springend herumkaut, desto mehr übt er das Springen.

Spielregel Nr. 3: Spielstart

Vor allem in der Wohnung sollten in aller Regel Sie derjenige sein, der Ihren Hund zum Spielen auffordert. Vorzugsweise wählen Sie dafür einen Moment, in dem Ihr Hund sich ruhig verhält und gerade nichts von Ihnen erhofft. Denn so belohnen Sie ihn mit Ihrer Spielaufforderung für sein ruhiges Verhalten und geben ihm das Gefühl, dass er sich entspannt zurücklehnen kann. Denn Sie werden ihm schon Bescheid sagen, wenn es etwas zu tun gibt. Dies fördert ruhiges Verhalten in der Wohnung.

Spielregel Nr. 4: Gib's her!

Das Abgeben von Gegenständen lässt sich einfach üben. Wählen Sie ein Spielzeug – nicht sein Lieblingsspielzeug – oder einen eher langweiligen Knochen und etwas bessere Leckerchen aus. Ist das Leckerchen zu attraktiv, wird Ihr Hund den Gegenstand nicht mehr nehmen. Ist der Gegenstand zu attraktiv, wird er die Leckerchen verschmähen.

Machen Sie zunächst einen Test, ob Ihr Hund für das hingehaltene Leckerchen von seinem Kauknochen oder Spielzeug ablässt, um sich danach wieder seinem Knochen oder Spielzeug zu-

Motiviert zerren ...

... und motiviert loslassen können, gehören zusammen.

zuwenden. Haben Sie die passende Kauknochen/Spielzeug-Leckerchen-Kombination gefunden und sind sich sicher, dass Ihr Hund das hingehaltene Leckerchen nehmen wird, können Sie ein Wortsignal einführen.

Hat Ihr Hund den Gegenstand, sagen Sie „Gib“ und halten ihm im nächsten Sekundenbruchteil das Leckerchen vor die Nase. Sowie Ihr Hund den Gegenstand auslässt, bekommt er das Leckerchen. Fassen Sie aber nicht an den Gegenstand, sodass Ihr Hund ihn sich wieder selber nehmen kann. Festigen Sie diesen Ablauf. Klappt das gut, können Sie den Gegenstand auch anfassen, in weiteren Trainingseinheiten halten und letztendlich auch kurz wegnehmen. Lässt Ihr Hund auf „Gib“ aus, verlängern Sie den Zeitpunkt, bis er das Leckerchen bekommt, allmählich. Letztendlich sollten Sie das Belohnungsleckerchen nach einem erfolgreichen „Gib“ aus der Tasche holen oder er bekommt im Spiel einfach das Spielzeug wieder.

Festigen Sie jeden Schritt gut. Ihr Hund darf sich nie ausgetrickst fühlen. Überlassen Sie am Ende der Übung Ihrem Hund immer den Gegenstand, damit kein Konkurrenzdenken entsteht. Auf diese Weise ist es später kein Problem, wenn er manchmal nach einem „Gib“ den Gegenstand nicht wiederbekommt und er wird lernen, begeistert abzugeben.

Hund & Kind

Kinder sind begeisterte Spielpartner für Hunde. Hat Ihr Hund Freude am Spiel mit Kindern, stärkt es seine positive Einstellung zu ihnen. Die Voraussetzung ist immer, dass Ihr Hund eine gute Beißhemmung hat und im Spiel nicht grob wird. Bei Spiel mit Spielzeugen darf er nicht dazu neigen, es zu verteidigen, und muss zusätzlich zuverlässig auf ein bestimmtes Signal hin das Spielzeug abgeben. Am ehesten sind Apportierspiele und Spiele oder Übungen mit Leckerchen geeignet. Auch bei Leckerchen darf Ihr Hund nicht dazu neigen, sie gegen Kinder zu verteidigen.

Je kleiner das Kind und/oder je größer der Hund ist, desto schneller passieren Unfälle, auch wenn sich Kind und Hund wirklich mögen. Bleiben Sie daher immer dicht dabei, wenn ein Kind mit Ihrem Hund spielt. So können Sie rechtzeitig eingreifen, wenn Ihr Hund zu wild wird oder das Kind Spielideen hat, die Ihrem Hund nicht gefallen.

Spiele für Menschen mit Hunden

Alles was im Spiel gelernt wird, kann ein Hund auch im täglichen Leben anbieten. Überlegen Sie sich also immer gut, was Sie Ihrem Hund beibringen und wie wild Sie mit ihm spielen. Ansonsten soll Spiel natürlich vor allem Spaß bringen.

Kampfspiele

Bei wilden Kampf- und Raufspielen lernen Hunde ihre Körperkraft an Menschen einzusetzen und können dabei je nach Größe und Kraft sehr schnell merken, dass sie Ihrem Menschen überlegen sind. Lassen Sie es besser nicht darauf ankommen und spielen Sie lieber einfache Beißspiele mit Ihrer Hand und dem Maul Ihres Hundes. Mögen Sie oder Ihr Hund das nicht, brauchen Sie solche Spiele mit ihm nicht zu spielen. Nur bei einem Welpen bis hin zum Junghund von einem halben oder einem Jahr müssen Sie es machen. Denn jeder Welpenbesitzer trägt die Verantwortung dafür, dass der Hund eine gute Beißhemmung gegenüber Menschen erlernt (siehe Seite 14/15).

Rennspiele

Bei Rennspielen werden sehr schnell Beuteverhaltensweisen ausgelöst, sodass man mit seinem Hund unbeabsichtigt üben kann, Beuteverhalten gegenüber Menschen zu zeigen. Da das meist zu unguten Nebenwirkungen führt, lassen Sie es besser. Weiterhin fördern Sie durch Fangenspielen mit Ihrem Hund die Möglichkeit, dass er solche Spiele zur Beschwichtigung einsetzt, was dann meistens von Seiten des Menschen eher unbeliebt ist. Also wägen Sie gut ab zwischen gemeinsamem Spaß und möglichen Folgen.

Meist unverfänglich ist gemeinsames Rennen, weil dann der Hetzflash aus der Entfernung ausbleibt. Begleitet einen der Hund beim Joggen oder Fahrradfahren, kann er endlich mal durchgängig traben und sich richtig auslaufen. Damit sich aber die Gelenke gesund entwickeln können, muss der Hund dafür mindestens ein Jahr alt sein, besser noch 15 Monate. Auf sehr kurzen Strecken oder mit geschobenem Fahrrad können Sie das Nebenherlaufen aber bereits früher üben.

Rückrufspiel

Die Begeisterung von Hunden an gemeinsamem Rennen lässt sich für eine Rückrufübung sehr gut ausnutzen. Läuft Ihr Hund frei, wechseln Sie einfach die Richtung und beobachten über die Schulter guckend Ihren Hund. Sowie er bemerkt hat, dass Sie sich umgedreht und die Richtung gewechselt haben und startet, um hinter Ihnen herzurennen, rufen Sie ihn. Wenn er fast

Begeistert kommen …

… und die freudige Erwartung wird erfüllt, wie am Ausdrucksverhalten deutlich zu erkennen ist.

bei Ihnen ist, laufen Sie los, sodass Sie mit Ihrem Hund ein Stück zu sammen laufen. Die meisten Hunde überholen in ihrem Überschwang.

Das ist der Moment, in dem Sie wieder langsamer werden, um erneut die Richtung zu wechseln. Beobachten Sie wieder Ihren Hund über die Schulter und der ganze Ablauf startet von Neuem. Sie können dieses Spiel so oft wiederholen, wie Ihr Hund und Sie Spaß daran haben. Am besten hören Sie auf, wenn es gerade am schönsten ist. So bleibt die Begeisterung für das Rückrufspiel erhalten.

Gehört Ihr Hund zu den Hunden, die sich beim gemeinsamem Laufen so aufregen, dass er an Ihnen erregt hochspringt oder sogar beginnt, aufgedreht nach Ihnen zu schnappen, ist diese Übung für Ihren Hund nicht das Richtige. Sie können die Rückrufübung zwar durchführen, aber anstatt gemeinsamem Rennen stecken Sie Ihrem Hund auf Ihrer Höhe zur Belohnung ein Leckerchen zu.

Zerrspiele

Für die meisten Hütehunde sind Zerrspiele gut geeignet. Da sie großteils keine starke Veranlagung zum Packen haben, neigen sie meist nicht dazu, sich im Zerrspiel schnell in eine hohe Erregung hineinzusteigern. Weiterhin besteht bei Zerrspielen für Hütehunde eine viel geringere Suchtgefahr.

Verwenden lässt sich jedes Spielzeug, bei dem Sie das eine und Ihr Hund das andere Ende festhalten können.

Die Voraussetzung für ein Zerrspiel ist, dass Ihr Hund Spielzeuge nicht gegen Sie verteidigt und er das Spielzeug zuverlässig auf ein bestimmtes Signal hin abgibt. So können Sie spätestens in Momenten, in denen Ihr Hund seine Kräfte ausspielen würde, um Ihnen das Spielzeug zu entwenden, es ihn einfach abgeben lassen. Regen Sie im Spiel Ihren Hund nicht zu stärkerem Festhalten und Knurren an, sondern halten Sie das Spiel möglichst ruhig und entspannt.

Tipp

Bei Schäferhunden und auch Treibhunden sind Apportierspiele besser geeignet, da diese Hundetypen sich beim Zerren besonders schnell in Erregung steigern.

Apportierspiele

Werfen und Zurückbringen ist eines der beliebtesten Spiele mit Hunden. Es wird als eine Art Grundeigenschaft von Hunden betrachtet. Aber die Einstellung zu diesem Spiel ist bei Hunden durchaus verschieden. Vom Typ her könnte man Hütehunde in drei Gruppen von Apportierern einteilen:

1. Die Standhaften

Ihnen werfen Sie ein Spielzeug. Das Spielzeug fliegt, dann Ihr Hund und – das war`s. Der Hund hat die Beute gestellt, sie bewegt sich nicht mehr. Ihr Hund hat sie unter Kontrolle. Nun können Sie hingehen und das Spielzeug gerne wieder werfen, aber bringen möchte Ihr Hund nicht wirklich. Denn für das Apportieren sind Hütehunde eigentlich nicht gedacht. Sie sollen die Herde zusammenhalten, aber nicht einzelne Tiere durch die Gegend tragen. Daher wundern Sie sich nicht, wenn Ihr Hund sich nicht für das korrekte Apportieren begeistern kann. Nehmen Sie seine Art zu spielen an. Das korrekte Apportieren kann er natürlich erlernen, aber gehen Sie an das Projekt so heran, als ob Sie selber ein Schulfach lernen müssten, für das Sie keine Begabung haben, und seien Sie entsprechend geduldig.

2. Die Spieler

Diese Gruppe ist am größten. Denn natürlich merken Hütehunde durchaus, dass das Spielzeug nur dann fliegt, wenn sie es zurückbringen. In diesem Fall bringt Ihr Hund aus Notwendigkeit. Das führt teilweise so weit, dass die Hunde irgendjemandem ein Spielzeug vor die Füße legen, damit er es wenigstens zur Seite tritt. Der Schritt zum Junkie ist dann nicht mehr weit.

Ein Hütehund kann aber auch durch die Vorfreude auf den nächsten Wurf immer mehr Begeisterung und dadurch allmählich Geschmack am Apportieren entwickeln.

Achtung!

Besondere Suchtgefahr (siehe Seite 17) besteht bei stumpfem Werfen und Bringen, da die Hunde dafür keine Konzentration aufbringen müssen und sich voll dem Beutereiz hingeben und sich hineinsteigern können.

3. Die Apportierhunde

Unter den Hütehunden gibt es immer wieder Hunde, die sich für einen Apportierhund halten und sich problemlos sogar beim Dummytraining beweisen. Haben Ihr Hund und Sie Spaß daran, genießen Sie es einfach.

Hütespiele

Kombinieren Sie im Spiel mit einem Spielzeug Zerr- und Apportierspiele. Wenn Sie dann noch das Spielzeug auch mal so führen, dass Ihr Hund es anfangs anglotzen kann und Sie es dann erst werfen oder er daran zerren darf, machen Sie das Spiel komplexer und Ihr Hund bekommt so die Möglichkeit, seine Beuteverhaltensweisen ins Spiel zu bringen. Wenn Sie das Spielzeug vor Ihrem gespannt wartenden Hund besonders langsam bewegen, macht Ihrem Hund das Glotzen erst recht Spaß.

Tipp

Zu erregtes Spielen kann schnell in zielgerichtetes Beuteverhalten oder gar aggressive Verhaltensweisen kippen. Aber ein Spiel soll möglichst entspannt sein. Lassen Sie Ihren Hund daher beim Spielen zwischendurch kleine Übungen absolvieren. Zur Belohnung für die Ausführung darf er dann wieder an das Spielzeug. So muss er sich immer wieder konzentrieren. Und Konzentration ist der Gegenspieler zur Erregung.

Fixieren ist ja so cool.

Suchspiele

Es gibt echte Schnarchnasen unter den Hütehunden, denen das Suchen wirklich schwerfällt, und auf der anderen Seite super Suchhunde, die problemlos im Gebirge ein verloren gegangenes Schaf finden würden. Hat Ihr Hund genug andere Hobbys, müssen Sie nicht unbedingt seine Nasenfähigkeiten fördern. Wenn Sie oder Ihr Hund Freude am Suchen haben, gibt es ganze Bücher mit verschiedensten Suchspielen. Die Möglichkeiten in dem Bereich sind schier unerschöpflich.

Wo ist das Spielzeug?

Viele Hütehunde haben einen Sinn für das Auswählen eines bestimmten Spielzeugs. Eine lustige Beschäftigung ist das Unterscheiden und Finden von unterschiedlich benannten Spielzeugen. Hier können Sie entweder mit Ihrem Hund üben, verschiedene Spielzeuge, die vor ihm liegen, zu unterscheiden oder versteckte Spielzeuge zu finden. Profis können natürlich auch beides vermischen.

Beginnen Sie mit nur einem Spielzeug. Damit Ihr Hund den Namen des Spielzeugs lernt, sagen Sie ihn immer kurz bevor Ihr Hund das Spielzeug bekommt. Im nächsten Schritt liegt das Spielzeug auf der Erde und Sie machen Ihren Hund mit dem Namen des Spielzeugs darauf aufmerksam. Nimmt Ihr Hund es, spielen Sie zur Belohnung natürlich mit ihm.

Getrennt von der Übung verfahren Sie so mit einem zweiten Spielzeug. Ist Ihr Hund mit den beiden Spielzeugen, jedes für sich, sicher geworden, legen Sie beide gleichzeitig, aber mit großem Abstand hin. Fordern Sie nun Ihren Hund auf, das Spielzeug zu nehmen, das er vermutlich am ehesten nehmen möchte.

Klappt das gut, arbeiten Sie sich an das Spielzeug heran, dass Ihr Hund weniger gern nehmen würde. Stellen Sie sich dafür einfach auf das beliebtere Spielzeug drauf, sodass Ihr Hund nicht drankommt oder legen Sie es so weit hinter sich, dass Sie Ihren Hund freundlich, aber bestimmt davon abhalten könnten, es zu nehmen. Hat Ihr Hund kein bevorzugtes Spielzeug, wird er das zuletzt hingelegte vermutlich bevorzugen. Sie müssen also besonders gut aufpassen und die Übung so arrangieren, dass Ihr Hund keine Fehler machen kann. Denn nur so kann er die Vokabeln für die einzelnen Objekte erlernen.

Ist es doch einmal zu einem Fehler gekommen, gibt es natürlich kein Spiel mit dem Spielzeug und Sie müssen die nächsten Übungen besonders gut planen.

Hat Ihr Hund Spaß an diesen Übungen, können Sie immer mehr Spielzeuge in das Spiel miteinbeziehen.

Spielzeugdschungel

Die Industrie bietet eine Vielzahl an Spielzeugen an. Für welches Sie sich entscheiden, kommt auf den Geschmack und die Spielvorlieben Ihres Hundes an und auf die Sicherheit des Materials. Finden Sie zunächst heraus, ob sich Ihr Hund eher für kleine oder große Spielzeuge begeistern kann. Meistens mögen körperlich eher empfindliche Hunde lieber kleine Spielzeuge und körperlich deftigere Hunde lieber große Spielzeuge.

Wurfspielzeuge

Werfen kann man natürlich jedes Spielzeug, aber es gibt Spielzeuge, die sich nur zum Werfen eignen, wie zum Beispiel Bälle oder Frisbees. Da es für Hütehunde besser ist, wenn sie nicht einfach etwas stumpf geworfen bekommen, bieten sich Spielzeuge mit Schnur besonders an. So können Sie das Spielzeug zum Werfen und Zerren verwenden.

Vorsicht! Der Kampf ums Spielzeug hat schon so manche Hundefreundschaft zerstört.

Steht Ihr Hund ausschließlich auf Tennisbälle, bedenken Sie, dass das Tennisballmaterial die Zähne mit der Zeit abschleift. Eine praktische Möglichkeit ist, den Tennisball einfach in einen (extra dafür gekauften und keinen nach Ihren Füßen riechenden) Strumpf zu stecken, Knoten rein und fertig ist ein Tennisball-Wurfspielzeug mit Schnur. Bizarrerweise gibt es viele Hunde, die übermäßig begeistert auf Tennisbälle reagieren – also bieten Sie am besten erst gar keine an.

Tipp

Wählen Sie Spielzeuge immer so, dass Ihr Hund nichts verwechseln kann. Ein alter Schuh, den ein Hund bekauen darf, unterscheidet sich für ihn nicht unbedingt von einem, der noch im Einsatz ist. Natürlich kann ein Hund auch lernen zu unterscheiden, aber vor allem für einen jungen Hund ist das Leben einfacher, wenn ein Hundespielzeug allein schon am Material oder der Form zu erkennen ist.

Zerrspielzeuge

Zum Zerren eignen sich alle Spielzeuge, die eine Schnur haben, Taue, kleine Dummys mit Schnur oder sogenannte Beißwürste. Beißwürste aus Feuerwehrschlauch sind bei den meisten Hunden beliebt. Feste Baumwolle wird auch gerne genommen, für Jute gibt es hingegen nur vereinzelte Fans. Dann müssen Sie noch die bevorzugte Größe herausfinden, und es werden meistens nicht zu stramm, sondern eher schlaff befüllte Schläuche bevorzugt.

Quietschspielzeuge

Alle Spielzeuge, die hohe Geräusche von sich geben, finden Hunde toll, weil sie das Beuteverhalten ansprechen. Eine Maus quietscht, Kaninchen schreien, wenn sie erwischt werden. Diese Beuteerregung von Hunden auf hohe Töne muss man nicht extra fördern.

Gelegentlich gibt es Hunde, die tatsächlich entspannt mit einem Quietschspielzeug spielen können. Dann spricht auch nicht unbedingt etwas dagegen. Es ist wie so oft immer eine Frage des einzelnen Hundes und was sich der Hund dazu denkt, lässt sich an seinem Ausdrucksverhalten einschätzen.

Sicherheit von Spielzeugen

Besonders Spielzeuge, die Ihr Hund zur freien Verfügung hat, müssen möglichst sicher sein:

- Es dürfen nicht einfach Plastik- oder Gummiteile abgekaut werden können. Denn wenn Hunde solche Teile verschlucken, können freigesetzte Weichmacher die Nieren schädigen.
- Bei Tauen dürfen keine stabilisierenden Drähte verwendet werden und die einzelnen Fäden dürfen sich nicht ohne Weiteres lösen lassen. Denn lange, verschluckte Fäden können dazu führen, dass sich der Darm an ihnen so zusammenschiebt, als ob man eine Strumpfhose zum Anziehen aufkrempelt.
- Nicht zuletzt müssen Spielzeuge immer größer sein als die Verschluckmöglichkeit des Hundes bietet. Denn durch eine Speiseröhre passen leider oft größere Dinge als man denkt.

Im Zweifelsfalle verzichten Sie besser auf ein Quietschspielzeug. Sie finden bestimmt noch sinnvollere Spielzeuge, an denen Ihr Hund Gefallen findet.

Spielzeuge zur Selbstbeschäftigung

Unter dieser Rubrik werden in der Regel mit Futter befüllbare Spielzeuge verstanden, die dem Hund eine Beschäftigung zur Erarbeitung der Leckereien ermöglichen. Es gibt befüllbare Spielzeuge, die sich der Hund wie einen Kauknochen vornehmen kann, und welche, die er bewegen muss, damit er an das nächste Futterstückchen gelangen kann.

Für Hütehunde sollten Sie immer eher solche wählen, bei denen Ihr Hund zur Ruhe kommt und sich darauf konzentrieren muss, alles herauszubekommen. Es gibt diese Spielzeuge auch aus Vollgummi mit Rillen, auf die man etwas Schmackhaftes schmieren kann, wie Leberwurst, Margarine, Quark oder püriertes Hundefutter. So bekommt der Hund etwas Leckeres und hat lange Spaß am Kauen. Die Rillen auf diesen Spielzeugen haben gleichzeitig einen zahnpflegenden Effekt. Sie bieten damit also einen weiteren Vorteil.

Keine Sorge, den Hundekuchen kriege ich hier schon noch raus.

Wild durch die Gegend rollende oder wippende Spielzeuge bringen Aufregung in den Hund. Die wippenden Spielzeuge fördern dann auch gleich wieder hirnloses Beutefixieren. Manche Hütehunde wirken wie hypnotisiert von solchen Steh-auf-Männchen-Varianten. Da man in der Wohnung eher einen ruhigen, entspannten Hund haben möchte, sind diese aufregenden Spielzeuge nicht unbedingt geeignet für drinnen. Wenn Sie sich aber krankheitsbedingt einmal nur wenig mit Ihrem Hund beschäftigen können, dann sind die actionreichen Spielzeuge für begrenzte Spielzeiten ideal.

Achten Sie bei der Wahl solcher Spielzeuge darauf, dass sie aus Vollgummi sind und nicht aus hartem Plastik. Denn das Geklapper von harten Hundefutterbrocken auf dem hartem Plastik steigert die Erregung der Hunde.

Räumen Sie Futterbälle und Ähnliches immer weg, wenn Ihr Hund sich das Futter erarbeitet hat. Allerdings ist die Gefahr für suchtartiges Hüteverhalten gegenüber solchen Futterbällen geringer als bei anderen Bällen, da durch die Futteraufnahme das Hüteverhalten weniger schnell angesprochen wird.

Das große Hütespiel

Spielanleitung

Im Hütespiel stecken Spiel, Spaß und Spannung in einem. Denn hier kann Ihr Hund seine Hüteveranlagung ausleben und sich dabei richtig austoben!

Idee des Spiels

Jeder Hütehund hat seine eigene persönliche Arbeitsbegeisterung für das Hüten. Viele lassen sich über Clickern und Hundesport super auslasten, manchen reichen sogar einfache Spaziergänge und Spielen.

Es gibt aber immer wieder Hütehunde, denen das nicht genügt und die unbedingt hüten wollen. Daher ist es regelrecht in Mode gekommen, mit seinem Hütehund zum Hütetraining an Schafen zu gehen. Doch sehen Sie das bitte einmal aus der Sicht der Schafe! Bei diesen Trainings werden nicht vertraute Hunde auf sie losgelassen, die sie jagen. Und das bedeutet Angst und Stress.

Die Hütehunde ihres Schäfers lernen die Schafe kennen und einschätzen, sodass das Gehütetwerden sogar zur Routine wird. Aber noch nicht fertig ausgebildete Hunde sind immer anstrengend für die Schafe. Fremde Hunde machen ihnen dazu noch besonders Angst. Also

Das Arbeiten in ruhigem Tempo entwickelt sich meist erst beim fortgeschrittenen Hund.

ist Hütetraining ein Sport, auf den die Schafe gerne verzichten können!

Das große Hütespiel berücksichtigt die Bewegungen, die ein Hütehund bei der Hütearbeit ausführt. Für den Beutekick sorgt ein faszinierendes Spielzeug. Richtig eingespielt, zeigen die Hunde die gleichen Ausdruckselemente wie bei der tatsächlichen Hütearbeit an Schafen. Und hinterher sind sie ebenso zufrieden.

Achten Sie bei dem Hütespiel darauf, dass Ihr Hund sich auf das Spielzeug konzentriert. Er darf sein Beuteverhalten nicht auf Sie richten!

Alter der Spieler

Das Spiel ist geeignet für alle hütebegeisterten Hunde ab der Pubertät.

Zubehör

Benötigt werden ein Lieblingsspielzeug als Beute, ein Spielfeld in Form eines optisch klaren Bereichs, der als Ersatz für die Größe einer kleinen oder größeren Schafherde dient, und ein Mensch, der als Spielleiter geeignet ist.

Dauer und Häufigkeit des Spiels

Die Spieldauer richtet sich nach dem Trainingsstand des Hundes. Beenden Sie das Spiel immer in Momenten, in denen Ihr Hund gerade so richtig gut mitmacht. Schließen Sie zum Abschluss etwas Schönes an, wie beispielsweise ein paar der Lieblingsübungen Ihres Vierbeiners. Auf diese Weise werden seine Begeisterung und sein Durchhaltevermögen für das Hütespiel wachsen.

Die Häufigkeit richtet sich nach der Fitness und der Motivation des Vierbeiners. Sehr arbeitswütige Hunde können sich das Spiel in jungen Jahren sogar einmal täglich wünschen, anderen genügt einmal pro Woche. Älteren Hunden reicht es möglicherweise einmal im Monat. Ist die Zeit bei Ihnen einmal sehr knapp, können Sie Ihren Hund mit dem Hütespiel in kurzer Zeit bestmöglich auslasten.

Tipp

Nehmen Sie für das Hütespiel immer ein besonderes Spielzeug, das Sie nur hierfür verwenden. So verbindet Ihr Hund besonders stark den Effekt des Hütespiels mit dieser bestimmten Ersatzbeute. Besonders gut geeignet sind Spielzeuge an einer Schnur, die man sowohl zum Werfen als auch zum Zerren einsetzen kann.

Wichtig!

Da das Hütespiel Beuteverhaltensweisen auslöst, dürfen Sie NIEMALS Autos, Menschen, Hunde oder andere Lebewesen umrunden lassen oder gar das gesamte Hütespiel z. B. an einer Sitzecke mit Kaffee trinkenden Menschen spielen. Damit würden Sie trainieren, dass Ihr Hund beginnt, sein Beuteverhalten auf Menschen zu richten!

Versuchen Sie, ein Gespür dafür zu bekommen, ob Ihr Vierbeiner auf das Spiel hofft. Denn dann bekommt Ihre Aufforderung zum Spielen ein besonderes Gewicht. Einen Hund zum Spielen zu motivieren, der gerade viel lieber einen Knochen kauen oder in der Sonne liegen würde, fördert nicht gerade die gegenseitige Begeisterung.

Tipp

Hatten Sie mit Ihrem Hund gerade ein Erlebnis, bei dem Sie ihn vom Jagen abhalten konnten, lassen Sie ihn an diesem Tag seinen angestachelten Jagdeifer im Hütespiel ausleben.

Spielregeln

Der Hund richtet sich im Hütespiel nach den Signalen des Spielleiters für die einzelnen Spielzüge. Dabei liegt die Kunst für den Spielleiter allerdings darin zu erahnen, welches Signal sein Hund als nächstes am sichersten befolgen wird. Denn der Spielleiter muss die Fehlerquote bei der Ausführung durch den Hund möglichst gering halten. Nur so kann sein Hund den Profistatus erlangen und immer schwierigere Kombinationen bewältigen. Gleichzeitig erhöht jedes Gelingen die gegenseitige Zufriedenheit und Zuverlässigkeit.

Der Hund bekommt für durchgeführte Spielzüge oder Spielkombinationen seinem Trainingsstand entsprechend das Spielzeug. Je nach Hundetyp

Bei einem Border-Collie-Foxterrier-Mix kann schon mal das doppelte Temperament durchgehen.

und Spielzug darf er beim Spielleiter am Spielzeug zerren oder er bekommt es geworfen.

Eine Grundvoraussetzung für das Hütespiel ist, dass Ihr Hund sich für ein Spielzeug begeistern kann und es auf ein bestimmtes Signal hin zuverlässig abgibt.

Spielzüge

Die grundlegenden Spielzüge sind das Umrunden von rechts und von links, das Abstoppen und das Nachtreiben.

Signale für die Spielzüge

- Links herum umrunden: CIRCLE
- Rechts herum umrunden: RUM
- Abstoppen: WARTE
- Nachtreiben: GET UP

Achten Sie beim Aufbau der einzelnen Signale darauf, dass Ihr Hund immer begeistert mitmacht. Pausieren Sie mindestens einen Tag pro Woche, je nach Hund sogar häufiger. Manchmal ist weniger tatsächlich mehr. Denn wer begeistert mitmacht, lernt weit besser, als wenn er sich aufraffen muss, um mitzumachen. Das Hütespiel darf nie zur Pflichtkür werden, sondern soll Ihrem Hund Freude bereiten.

Das Spiel sollte in einer Umgebung gespielt werden, wo der Hund nicht durch unerwartet auftauchende Menschen oder Hunde gestört wird.

Spielkombinationen

Die Spielzüge können beliebig kombiniert werden, sowie der Hund die jeweiligen Signale sicher genug beherrscht. Dabei bleibt der Spielleiter wie bei der Hütearbeit außerhalb der gedachten Schafherde und wird nicht vom Hund umrundet.

Tipp

Je besser Sie erahnen, wozu Ihr Hund gerade Lust hätte und ihn genau dazu auffordern, desto besser können Sie in den Augen Ihres Hundes zum anbetungswürdigen Leiter werden.

Gewinner des Spiels

- Die Schafe, weil sie in der Zeit in Ruhe grasen können.
- Der Hund, weil er endlich einmal nicht nur jagen darf, sondern auch noch dazu aufgefordert wird und das ganze tolle Jagderlebnis zusammen mit seinem Lieblingsmenschen erleben kann.
- Der Spielleiter, weil er seinen Hund zu Dingen auffordert, die dem Hund Spaß machen und damit eine höhere Anerkennung bei seinem Hund gewinnt.
- Und außerdem macht es einfach Spaß!

Spielzüge trainieren

Damit Sie mit Ihrem Hund das Hütespiel spielen können, muss dieser natürlich zunächst die einzelnen Spielzüge erlernen. Bauen Sie Schritt für Schritt ein Signal nach dem anderen auf. Trainieren Sie die einzelnen Spielzüge zunächst zeitlich und räumlich getrennt voneinander. Lassen Sie sich Zeit und festigen Sie die Signale gut. Auch hierbei hat Ihr Hund schon viel Spaß!

Richtig gemacht!

Wie beim Clickertraining (siehe Seite 68–70) können Sie statt Leckerchen auch ein Spielzeug mit einem Signal so kombinieren, dass Ihr Hund nach dem Signal das Spielzeug erwartet. Es ist also auch damit möglich, den Hund exakt für eine bestimmte Ausführung zu bestärken.

Ich bevorzuge dafür ein mit hoher, fröhlicher Stimme gesprochenes kurzes „Ja!“. Es ist kurz und durch die besondere Sprechweise gibt es für den Hund normalerweise auch keine Verwechslung im Alltag. Natürlich können Sie auch ein anderes Wort, einen Pfiff oder ein sonstiges Geräusch dafür verwenden. Es muss nur immer dasselbe sein und nicht mit anderen Signalen oder im Alltag verwechselt werden können.

Beim Spiel mit einem Spielzeug können Sie Ihren Hund ganz einfach auf dieses Signal konditionieren. Sie müs-

Das Spielzeug hängt in Kopfhöhe des Hundes für ihn bereit. Auf „Ja!“ darf er hinrennen, um es zu bekommen.

sen lediglich immer dann „Ja!“ sagen, wenn er im nächsten Moment sein Spielzeug bekommt. So lernt er, dass das „Ja!“ bedeutet: Ran ans Spielzeug! Dabei ist es egal, ob Sie Ihrem Hund das Spielzeug in dem Moment werfen, zuwerfen oder ihm zum Zerren hinhalten. Es geht lediglich darum, dass er an sein Spielzeug darf, wenn das Signal „Ja!“ ertönt.

Umrunden

Die Grundbewegung des Spiels ist das Umrunden. Beginnen Sie zunächst mit einer Richtung. Finden Sie dafür als erstes die Schokoladenseite Ihres Hundes heraus und starten Sie dann mit der Gegenseite, wie auf Seite 77 für die Drehung beschrieben. Denn auch hier sitzt die erste Seite besonders gut und die Schokoladenseite natürlich auch und Sie haben einen Ausgleich der beiden Seiten.

Suchen Sie sich einen schmalen Baum ohne Gestrüpp drumherum. Beginnen Sie in der Nähe dieses Baumes mit Ihrem Hund mit seinem Spielzeug zu spielen. Lassen Sie Ihren Hund das Spielzeug abgeben und führen es um den Baum herum, als wollten Sie ihn umarmen. Achten Sie darauf, dass Ihr Hund dem Spielzeug folgt. Tut er das, übergeben Sie das Spielzeug in Ihre andere Hand. Sowie Ihr Hund knapp über die Hälfte den Baum umrundet hat, lassen Sie ihn mit „Ja!“ an sein Spielzeug. Durch Wiederholungen wird Ihr Hund beginnen, das Baumumrunden von sich aus anzubieten. Trainieren Sie das Umrunden auch an verschiedenen Bäumen oder Pfählen.

Tipp

Den Lernstart für „Links herum“ und „Rechts herum“ können Sie auch sehr gut mit dem Clicker erarbeiten (siehe Seite 81).

„Ja“, diese Runde war super!

Sehr schnelle Hunde, die von sich aus leicht Abstand zum Spielzeug halten, kann man meist sehr einfach auch ohne Umarmung des Baumes zum Umrunden bewegen. Man muss lediglich mit dem Spielzeug so auf den Baum zugehen, dass der Hund in freudiger Erwartung des Werfens bereits halb um den Stamm herumläuft. Dann wirft man das Spielzeug so, dass der Hund die Runde zu Ende läuft.

Wird der gesamte Ablauf sicherer, führen Sie das jeweilige Richtungssignal ein, indem Sie es unmittelbar, bevor Ihr Hund die Runde um den Baum startet, sagen.

Festigen Sie das Signal in vielen kleinen Trainingseinheiten. Besonders sicher wird Ihr Hund, wenn Sie das Signal an verschiedenen Orten üben. Ist Ihr Hund bei einer Seite sicher geworden, können Sie mit dem Training für die zweite Seite beginnen. Trainieren Sie aber zunächst die Seiten noch deutlich getrennt voneinander.

Erst wenn Ihr Hund wirklich sicher bei beiden Seiten geworden ist, können Sie in einer Trainingseinheit beide Umrundungen üben. Achten Sie gut darauf, dass Sie sich für Ihren Hund so eindeutig positionieren, dass er sich durch Ihre Haltung sofort in die richtige Richtung begibt. Geben Sie Ihrem Hund nach jeder richtig ausgeführten Runde sein Spielzeug.

Hat Ihr Hund eine Richtung einmal falsch verstanden oder in seiner Begeisterung nicht richtig aufgepasst, bekommt er sein Spielzeug nicht. Fordern Sie aber nicht einfach wieder das gewünschte Signal, sondern überprüfen Sie sich selbst besonders sorgfältig und geben Ihrem Hund beim nächsten Versuch möglichst viel Hilfestellung. Denn für eine falsche Ausführung keine Belohnung zu bekommen, ist unglaublich frustrierend. Niemandem bringt es Spaß, wenn es heißt, dass man es schon wieder nicht richtig gemacht hat. Achten Sie daher darauf, dass solche Missverständnisse möglichst nicht passieren.

Tipp

Ist Ihr Hund verunsichert, rufen Sie ihn freundlich zu sich, belohnen ihn mit einem Leckerchen für sein Kommen und fordern vielleicht noch ein einfaches Sitz von ihm, wofür er auch wieder ein Leckerchen bekommt. Scheint er unkonzentriert oder durcheinander, machen Sie lieber eine Pause oder üben das Hütespiel erst am nächsten Tag. Festigen Sie dann ein paar Tage die Spielzüge, die er bereits gut beherrscht, und tasten sich erst dann erneut an die nächste Schwierigkeitsstufe heran.

Umrunden größerer Bereiche

Wenn Ihr Hund mit dem Umrunden in einer bestimmten Richtung sicher geworden ist, können Sie sich schwierigere und größere Objekte vornehmen. Suchen Sie sich Bäume mit Bodenbewuchs und kleine Sträucher. Trainieren Sie an immer dickeren Bäumen, bis Sie sich mit Ihrem Hund sogar an kleine Baumgruppen oder ausufernde Sträucher heranwagen können. Gut geeignet sind auch große Rundballen aus Stroh oder Heu, die eng beieinander stehen. Denn je größer die Lücken sind, desto größer ist die Versuchung für Ihren Hund, durch eine Lücke abzukürzen.

Flächen sind für Ihren Hund schwieriger zu erkennen. Zudem neigen Hunde an Flächen schnell dazu, abzukürzen. Eingezäunte Beete sind daher für den Start in die Umrundung von Flächen besonders gut geeignet.

Sie können sich natürlich auch ein passendes Spielfeld einfach selbst stellen. Mülltonnen sind sehr gut geeignet. Auch ausrangierte Klappstühle können gute Dienste leisten, ebenso Steckpfähle für Elektrozäune. Sie müssen sich lediglich immer daran halten, Ihren Hund langsam an neue Objekte heranzuführen. Lassen Sie ihn zuerst nur einen Ihrer Hilfsbäume umrunden und stellen dann immer mehr davon eng zusammen. Klappt alles gut, können Sie beginnen, allmählich einen immer größeren Kreis aus Ihren Eckpunkten zu stellen.

Wenn Sie Pylonen verwenden, bauen Sie für den Start einen Pylonenturm, aber passen Sie auf, dass er nicht umkippt. Während Sie den Turm immer kleiner werden lassen, stellen Sie immer mehr Pylonen dicht beieinander, bis Sie beginnen können, einen Kreis zu stellen.

Auch eine bestimmte Decke, die anfangs klein zusammenfaltet ist und später ausgebreitet für das Hütespiel ver-

Bei größeren neuen Bereichen kann es hilfreich sein, vorab mit dem Hund zusammen um das Objekt herumzugehen.

wendet wird, kann gut funktionieren. Um dem Hund das Akzeptieren der Decke zum Umrunden leichter zu machen, sollten Sie diese anfangs mit bereits bekannten Eckpunkten umstellen. Entfernen Sie diese nach und nach, sofern der Hund die Markierung mit der Decke gut annimmt.

Umrunden auf Entfernung

Das Umrunden auf Entfernung trainieren Sie mit Ihrem Hund am besten an seinem Lieblingsbaum der Umrunden-Übung. Stellen Sie sich dafür etwa einen Schritt weiter vom Baum entfernt auf als gewohnt und schicken Ihren Hund aus dieser Position um den Baum herum. Erhöhen Sie allmählich die Entfernung, aus der Sie Ihren Hund schicken. Klappt das Schicken auf Entfernung an diesem einen Baum gut, beginnen Sie an einem weiteren Baum oder Strauch mit einem Schritt Entfernung und führen den gesamten Ablauf erneut durch.

Letztendlich kann ein Hund sogar lernen, aus größerer Entfernung um ein kleines Wäldchen zu laufen. Man muss sich dann natürlich sicher sein, dass er dort nicht unvermittelt hinter Wild her-

Umrunden größerer Bereiche auf Entfernung ist eine besondere Herausforderung.

rennen kann. Aber ansonsten ist es eine sehr gute Möglichkeit, seinem Hund Bewegung zu verschaffen und einen Spaziergang interessanter zu gestalten.

Abstoppen

Das Abstoppen ist ein wichtiger Bestandteil von Spielkombinationen. Auch dieses Signal lässt sich am Anfang sehr gut im Clickertraining aufbauen (siehe Seiten 82/83).

Auch im Spiel mit einem Spielzeug lässt sich das Abstoppen gut einführen. Sie müssen lediglich die Momente abpassen, in denen Ihr Hund im Spiel innehält, um das Spielzeug zu fixieren. Dies lässt sich am leichtesten auslösen, wenn Sie Ihrem Hund das Spielzeug abnehmen und es tiefer als auf seiner Augenhöhe ruhig halten oder sehr langsam bewegen. Sowie Ihr Hund einen Moment ruhig steht, sagen Sie „Ja!“ und schwenken das Spielzeug an der Schnur zu Ihrem Hund zum gemeinsamen Spielen.

Dehnen Sie im Verlauf vieler Spieleinheiten die Zeitspanne, bis Ihr Hund das Spielzeug bekommt, allmählich aus. Arbeiten Sie auch daran, das Spielzeug sogar auf den Boden zu legen,

Dieser Hund arbeitet am liebsten dicht am Spielzeug.

während Ihr Hund steht und es fixiert. Stürzt sich Ihr Hund einmal zu früh auf das Spielzeug, müssen Sie es blitzschnell und trotzdem mit ruhigen Bewegungen in Ihrer Hand geschützt verbergen, sodass Ihr Hund es nicht bekommt. Bleibt er dann stehen, zeigen Sie ihm das Spielzeug erneut. Belohnen Sie ihn dann aber möglichst schnell für einen Moment des Innehaltens mit einem „Ja!" und dem Spielzeug, damit er nicht wieder einen Fehler macht.

Passieren Ihnen solche „Unfälle" zu oft, lernt Ihr Hund lediglich, einfach schneller zu sein als Sie. Planen Sie also immer gut, wann Sie das „Warte" von Ihrem Hund verlangen, damit er die Vokabel „Warte" so lernen kann, wie Sie es beabsichtigen.

Das Signal „Warte" können Sie in den Momenten einführen, in denen Sie sich sicher sind, dass Ihr Hund im nächsten Moment sowieso innehalten würde. Führen Sie das Spielzeug dann wie aus den Anfängen gewohnt so, dass Ihr Hund in jedem Fall abstoppen wird. Klappt das gut, können Sie beginnen, das „Warte" auch mal mitten im Spiel zu sagen und führen Sie im nächsten Moment das Spielzeug so, dass Ihr Hund abstoppen wird.

Tipp

Bedenken Sie immer, dass ein Signalaufbau grundsätzlich am besten und zuverlässigsten klappt, wenn Sie das Signal über einen langen Zeitraum nur in den Momenten verlangen, in denen Sie sich sicher sind, dass es auch funktionieren wird.

Nachtreiben

Beherrscht Ihr Hund das „Warte", können Sie das Nachtreiben mit ihm aufbauen. Hütehunde haben die Tendenz, ihrer Beute in einem bestimmten Abstand zu folgen. Der Border Collie hält hierbei in der Regel den größten Abstand ein.

Befindet sich Ihr Hund in der „Warte"-Position, gehen Sie sehr langsam, Ihren Hund quasi mit dem Spielzeug hypnotisierend, rückwärts und geben Ihrem Hund damit Platz zum Nachrücken. Sowie Sie merken, dass Ihr Hund langsam pirschend folgen würde, sagen Sie „Get up" und bewegen sich weiter rückwärts. Hat er einen oder wenige Schritte getan, darf er mit der Ankündigung „Ja!" an sein Spielzeug.

Lässt sich Ihr Hund leicht dazu verleiten, seine „Warte"-Position zu verlassen, ist es besonders wichtig, das Nachtreiben nur selten anzuschließen, damit Ihr Hund nicht denkt, dass er nach dem „Warte" sowieso weiterlaufen soll und gar nicht mehr wartet. Ebenso denken Hunde, dass das Rückwärtsgehen Ihres Besitzers bedeutet, ihm zu folgen. Um dem Hund verständlich zu machen, dass nur das „Get up" Nachtreiben bedeutet, gehen Sie langsam rückwärts, wenn Ihr Hund in der „Warte"-Position ist und gehen bis zu Ihrem Hund, bevor er von alleine eine Vorwärtsbewegung machen würde. Bei Ihrem Hund angekommen, darf er mit „Ja" an sein Spielzeug, sodass er direkt in der „Warte"-Position belohnt wird.

Ist Ihr Hund im „Warte" wie festgenagelt, locken Sie ihn mit freundlichen Worten zum Nachrücken. Beginnen Sie

Gespanntes Nachtreiben in Collie-Terrier-Manier.

das Locken mit dem Signal, dass Sie verwenden, wenn eine Übung beendet ist („Auflösesignal"). Bei der ersten Bewegung Ihres Hundes lassen Sie ihn mit „Ja!" an sein Spielzeug. Sowie Sie wissen, wie Sie Ihren Hund zum Nachtreiben bewegen können, können Sie das Wortsignal „Get up" einführen.

Hunde mit besonderer Ausprägung zum Fixieren können in der wartenden Anpirschposition regelrecht festfrieren und schwer ansprechbar werden. Neigt Ihr Hund dazu, belohnen Sie ihn frühzeitig für das Nachtreiben aus dem Abstoppen und lassen ihn häufig mit „Ja" ans Spielzeug rennen oder werfen es sogar noch hinter sich. Wird Ihr Hund hingegen im Nachtreiben zu schnell, lassen Sie ihn erneut abstoppen und geben ihm erst dann sein Spielzeug. Diesen schnellen Hunden sollten Sie im Großteil der Fälle das Spielzeug erst nach einem Abstoppen geben oder wenn der Hund wirklich langsam hinter dem Spielzeug hergepirscht ist. Zusätzlich sollten Sie bei diesem Spielzug Ihrem Hund das Spielzeug zuwerfen und ihn nur extrem selten zum Spielzeug rennen lassen. So kann Ihr Hund am besten lernen, dass sich bei dieser Übung langsame Bewegungen am ehesten lohnen.

Spielkombinationen

Sämtliche Spielzüge können beliebig miteinander kombiniert werden, sowie Ihr Hund sie einzeln beherrscht. Je besser es klappt, Spielzüge zu kombinieren, desto mehr wird Ihr Hund in wirkliche Hütestimmung kommen. Vor allem, wenn die Hunde mehrere Signale befolgen dürfen, bevor sie ihr Spielzeug zur Belohnung bekommen, zeigen sie immer mehr Arbeitsbegeisterung.

Tipp

Eine Trainingseinheit müssen Sie immer dem Trainingsstand und der Tagesform Ihres Hundes anpassen. An manchen Tagen werden Sie viele Schritte auf einmal weiterkommen können, an anderen nur Grundlagen festigen und manchmal trainieren Sie am besten einfach gar nicht mit Ihrem Hund.

Abstoppen mit Fixieren des Spielzeugs.

Einfaches Umrunden mit Abstoppen

In dieser Kombination lässt sich sehr gut das Abstoppen mit dem Umrunden in Verbindung bringen. Beginnen Sie zunächst in der Nähe eines Baumes mit Ihrem Hund ein Zerrspiel. Nehmen Sie ihm das Spielzeug dann ab und lassen ihn abstoppen. Bringen Sie sich selbst langsam in die passende Position zum Baum, während Sie das Spielzeug an seiner Schnur ruhig halten. Schicken Sie Ihren Hund aus dem Warten anfangs in seine Lieblingsrichtung und lassen ihn dann mit „Ja!" zu seinem Spielzeug.

Eine weitere Möglichkeit ist, dass Sie Ihren Hund in eine Umrundung schicken, ihn aber am Ende nicht wie gewohnt mit „Ja!" ans Spielzeug lassen, sondern ihn einfach nur beobachten. Hält er inne, sagen Sie „Warte" und entlassen ihn nach einer Sekunde des Wartens mit „Ja!" an sein Spielzeug. Im Verlauf vieler Übungseinheiten können Sie die Zeit des Wartens allmählich ausdehnen.

Als besondere Unterstützung, um Ihren Hund zum Abstoppen zu bewegen, können Sie langsam auf ihn zugehen. Halten Sie sich dabei locker oder aber benehmen Sie sich so wie bei den ersten Übungen für das Abstoppen. Beobachten Sie Ihren Hund. Was ist für ihn eine Hilfestellung, fühlt er sich durch Ihr Näherkommen womöglich eingeschüchtert? Denn das Auf-ihn-zu-Gehen kann auch als Bedrohung empfunden werden. Seien Sie also vorsichtig mit dieser Hilfestellung.

Klappt das Abstoppen in der Lieblingsrichtung Ihres Hundes gut, können Sie die andere Seite üben.

Tipp

Der geeignete Belohnungsmoment bei Kombinationen ist immer dann, wenn Ihr Hund etwas Schwieriges gemeistert hat oder ein Signal besonders gut ausgeführt hat. Dies gilt vor allem, wenn er etwas in einer neuen oder schwierigen Kombination bewältigt hat.

Umrunden in einer Richtung mit Abstoppen

In dieser Kombination können Sie sehr gut das Abstoppen trainieren. Schicken Sie Ihren Hund in seiner Lieblingsrichtung in eine Umrundung und gehen ihm langsam hinterher.

Halten Sie dabei das Spielzeug ruhig an der Schnur baumelnd vor sich, sodass Ihr Hund es gut sehen kann, sowie er nach Ihnen oder nach dem Spielzeug guckt. Beobachten Sie Ihren Hund ganz genau. Wird er langsamer oder sieht sich verwirrt nach Ihnen um, fordern Sie ihn zum Ab stoppen auf und belohnen ihn für das Anhalten sofort mit „Ja!" und seinem Spielzeug.

Wird Ihr Hund in dieser Ausführung sicherer, können Sie ihn länger warten lassen, während Sie ihm langsam näherkommen. Schicken Sie ihn in die nächste Runde, wenn er gerade besonders gut wartet oder spätestens kurz bevor er selber durchstarten würde.

Warten für Fortgeschrittene. Der Spielleiter geht nach dem Abstoppen dem Hund hinterher, um ihn im geeigneten Moment in die nächste Runde weiterzuschicken.

Letztendlich können Sie diese Kombination wie einen Tanz im Kreis durchführen, indem Sie Ihren Hund mehrfach nacheinander ins Umrunden schicken und wieder stoppen lassen, während Sie selbst langsam hinter Ihrem Hund her die Runde gehen.

Tipp

Wenn Sie neue Kombinationen aufbauen, lassen Sie Ihren Hund zwischendurch zur Auflockerung einfache Runden laufen, die Sie belohnen. So kann Ihr Hund immer wieder eine besondere Portion Selbstvertrauen auftanken, weil er so viel schon beherrscht und mit Sicherheit richtig macht.

Umrunden in beiden Richtungen mit Abstoppen

Ist Ihr Hund durch die vorherigen Kombinationen sicherer im Abstoppen geworden, können Sie ihn aus dem Abstoppen in die Gegenrichtung zurückschicken. Bestärken Sie ihn mit „Ja!“, wenn er über die Hälfte der Runde zurückgelegt hat, sodass er sie direkt zu seinem Spielzeug zu Ende läuft.

Bedenken Sie, dass Ihr Hund jede Ihrer Bewegungen stärker registriert als Ihre Worte. Wundern Sie sich daher nicht, wenn Ihr Hund auf ein Signal reagiert, bevor Sie es ausgesprochen haben. Er hat dann in den meisten Fällen eine Ihrer Bewegungen bereits als Signal interpretiert.

Hier geht es nach dem Abstoppen gerade nochmals in dieselbe Richtung.

Die Zwölf-Uhr-Position

Die Spezialisten für die Zwölf-Uhr-Position sind vor allem der Border Collie und der Kelpie. Sie können eine Schafherde durch ihren fixierenden Blick aus der Entfernung balancieren wie ein Seehund einen Ball auf seiner Schnauze. Hunde mit dieser Veranlagung werden im Hütespiel von sich aus anbieten, genau gegenüber von ihrem Besitzer, der das Spielzeug hält, Position zu beziehen. Tut Ihr Hund das, lassen Sie ihn unbedingt gewähren!

Alle anderen Hunde kann man durch Hin- und Herschicken von rechts und von links im Wechsel, jeweils gestoppt, regelrecht auf diese Position einpendeln.

Schicken Sie Ihren Hund in eine Umrundung und stoppen ihn dann kurz vor Ende der Runde ab. Schicken Sie ihn andersherum zurück und stoppen ihn wieder ab und so weiter. Das Abstoppen können Sie immer früher einfordern bis Ihr Hund fast in der Mitte regelrecht hängenbleibt. Spätestens jetzt gibt es mit dem erlösenden „Ja!" das Spielzeug.

Wenn Sie beginnen, auf diese Spielposition hinzuarbeiten, müssen Sie Ihren Hund natürlich anfangs nach wenigen Malen oder sogar schon nach einem Mal belohnen. Nur im Verlauf vieler Spieleinsätze wird Ihr Hund sicher genug werden, damit Sie ihn so lange hin und her schicken können, bis er die Zwölf-Uhr-Position erreicht.

An Flächen oder an Baumgruppen mit Lücken können Sie Ihren Hund aus der Zwölf-Uhr-Position später besonders elegant nachtreiben lassen.

Die Zwölf-Uhr-Position ist eine gute Grundposition für viele Spielzüge.

Dieser Hund arbeitet gerne mit mehr Weite. Auch beim Nachtreiben hält er einen großen Abstand.

Je nach Hütetyp wird Ihr Hund von sich aus eng oder in weitem Bogen umrunden. Ebenso wird er die Geschwindigkeit seinem eigenen Arbeitsstil anpassen. Lassen Sie ihn solche Details selbst wählen. Beim Hütespiel stoppt niemand die Zeit! Und bei der Hütearbeit ist ruhiges Arbeiten mit besonnenem Abstand besonders erwünscht.

Kombinationen mit Nachtreiben

Aus jeder Position, in der Ihr Hund das Abstoppen gut beherrscht, können Sie ihn nachtreiben lassen. Anfangs belohnen Sie ihn direkt für das Nachtreiben. Mit zunehmender Sicherheit Ihres Hundes können Sie ihn aus dem Nachtreiben in eine neue Runde schicken. Ansonsten variieren Sie das Nachtreiben nach wie vor so, wie es zum Typ Ihres Hundes passt.

Lassen Sie Ihren Hund im Hütespiel stets häufiger nur abstoppen, als das Warten mit dem Nachtreiben zu kombinieren. Denn sonst wird er beginnen, das Nachfolgen nach dem Stopp vorwegzunehmen und immer schlechter warten.

Eigeninitiative gewähren

Je mehr die Hunde bei den Kombinationen in Arbeitsstimmung kommen, desto eher können sie Eigeninitiative ergreifen und plötzlich losrennen, als ob sie ein Schaf am Ausbrechen hindern wollten. Diese Selbständigkeit ist für einen Arbeitshund erwünscht, weil der Hund die Schafe natürlich ganz anders im Blick hat als der Schäfer. Freuen Sie sich daher über die Kreativität Ihres Hundes! Belohnen Sie ihn aber nicht extra dafür. Stoppen Sie ihn einfach bei der nächsten Gelegenheit ab und fordern ein neues Signal, wofür Sie ihn dann belohnen können.

Spielzüge für Profis

Besondere Herausforderung sind die Unterscheidung des Abstoppens im Stehen und im Liegen, das Rückwärtsgehen und das Rückwärtskriechen.

Abstoppen – stehend oder liegend

Sofern der Hund das Hinlegen auf Entfernung beherrscht, ist das Hinlegen zum Abstoppen häufig leicht aufzubauen. Die Schwierigkeit besteht vielmehr in der Unterscheidung der beiden Abstopp-Varianten, weil Hunde sehr schnell das Abstoppen mit einer bestimmten Position in Verbindung bringen. Ob Ihr Hund die stehende oder liegende Haltung bevorzugt anbietet, ist von seinem Typ abhängig.

Spaß macht diese Unterscheidung nur, wenn Sie sie für sich persönlich nutzen wollen, besonders gut zu erraten, welche Position Sie von Ihrem Hund in dem jeweiligen Moment erfolgreich einfordern können. Bitte legen Sie keinen falschen Ehrgeiz in diese Übung, denn das Hütespiel soll Spaß bringen und nicht in einen Kampf gegen Ihren Hund ausarten. Nehmen Sie es leicht

Hier ist das Warten schon selbstverständlich.

und werten Sie die Übung nur für Ihre eigene Fähigkeit, das Verhalten Ihres Hundes vorherzusagen und nicht als missachtetes Kommando.

Um zu vermeiden, dass Ihr Hund das Signal zum Hinlegen als generelles Abstoppsignal deutet, empfiehlt es sich, das Hinlegen dosiert einzuführen. Verlangen Sie für das letzte Abstoppen eines Hütespiels das Hinlegen und lassen Ihren Hund mit einem „Ja!“ zum Spielzeug. So festigen Sie das Signal, ohne dass Ihr Hund es sofort auf das Abstoppen im Spiel überträgt.

Besonders Border Collies neigen derart dazu sich lauernd hinzulegen, dass man das ständige Sich-Hinlegen in der Hütearbeit als „Clapping“ bezeichnet, weil die Hunde wie ein Taschenmesser zusammenklappen. Auch in dieser Position können die Hunde regelrecht festfrieren und nur durch Bewegung ihrer Beute zum Verlassen ihrer Haltung gebracht werden.

Tipp

Im Zweifelsfalle machen Sie es sich und Ihrem Hund leicht und überlassen es grundsätzlich dem Hund, welche Position er beim Warten einnehmen möchte. Das Augenmerk liegt dann lediglich auf dem Abstoppen und Warten.

Rückwärts

Das Rückwärtsgehen und -kriechen ist für Hunde im Hütespiel besonders schwierig, weil ihr Fokus auf das Spielzeug gerichtet ist. Sie wollen nicht davon weg, sondern vor allem in den Fixier- und Anpirschpositionen darauf zu. Daher muss ein Hund diese Übungen sicher erlernt haben, bevor Sie diese im Rahmen des Hütespiels trainieren können (siehe Clickertraining Seiten 83, 84).

Fordern Sie das Rückwärtsgehen aus dem Abstoppen im Stehen und das Rückwärtskriechen aus dem Abstoppen im Liegen. Reagiert Ihr Hund direkt auf Ihr Signal, werfen Sie ihm mit „Ja!“ sofort sein Spielzeug zu. Reagiert er nicht, gehen Sie ruhig zu ihm hin, halten das Spielzeug hinter Ihren Rücken und fordern ihn ein zweites Mal auf. Reagiert er, bekommt er mit dem „Ja!“ sein Spielzeug. Wenn auch das nicht klappt, war es noch zu schwierig für Ihren Hund. Schalten Sie deshalb wie selbstverständlich um, schicken Ihren Hund in eine Umrundung und belohnen ihn dafür.

Üben Sie das misslungene Signal zunächst im Rahmen des Clickertrainings (siehe Seiten 83, 84) und festigen Sie es geduldig. Versuchen Sie es auf keinen Fall sofort wieder im Hütespiel. Ihr Hund muss dieses Signal offensichtlich noch viel besser verinnerlichen, bevor er in der Lage ist, in der Begeisterung des Hütespiels das Signal umsetzen zu können.

Tipp

Trainieren Sie das Rückwärtsgehen oder -kriechen wenige Male kurz bevor Sie mit dem Hütespiel beginnen. So ist die Erinnerung Ihres Hundes an die Übung noch besonders frisch.

Dichtes Nachtreiben

Vor allem die Koppelgebrauchshunde haben einen besonderen Abstand zur Beute, den sie nicht unterschreiten möchten. Für sie ist es daher besonders schwierig, beim Nachtreiben dichter zu kommen, als es dem jeweiligen Hund eigentlich lieb wäre. Haben Sie mit Ihrem Hund das „Get up“ im Grundtraining aufgebaut, können Sie sich an diese Schwierigkeitsstufe heranwagen. Für alle Hunde, die keine Hemmungen haben, dicht zu folgen, besteht diese Schwierigkeitsstufe natürlich erst gar nicht.

Für die Übung ist ein eindeutiger Aufbau des „Get up“ notwendig. Vor allem das Wortsignal muss eindeutig für den Hund aufgebaut sein. Hierfür müssen Sie im Training sehr gut Ihre eigenen Bewegungen kontrollieren, da Hunde sehr schnell auf jeden kleinen Bewegungshinweis reagieren. Bleiben Sie ganz ruhig stehen, wenn Sie Ihren Hund abgestoppt haben. Sagen Sie „Get up“ und geben im nächsten Moment Luft zum Nachtreiben, indem Sie nach hinten gehen. So wird das Wortsignal „Get up“ der Startschuss für das Nachtreiben. Festigen Sie diesen Ablauf, bis Sie zum nächsten Schritt übergehen.

Testen Sie Ihren Hund, indem Sie nach dem „Get up“ nicht sofort Luft geben, sondern stehen bleiben. Beobachten Sie Ihren Hund sehr genau. Macht er nur die kleinste Vorwärtsbewegung und sei es nur ein Zucken, gibt es sofort das „Ja!“ und Spiel. Im Weiteren dehnen Sie das enge Nachtreiben in vielen Trainingseinheiten so aus, dass Sie Ihren Hund immer dichter rücken lassen, bevor Sie ihn belohnen.

Eine Belohnung für das Dichterrücken unterhalb der persönlichen Abstandsschwelle Ihres Hundes erreichen Sie auch dadurch, dass Sie ihm wieder Luft geben, indem Sie nach hinten gehen. Denn dies entspricht der erwarteten Reaktion der Beute, die sich durch die Annäherung des Hundes weitertreiben lässt. Setzen Sie daher das Nach-hinten-Gehen als Belohnung für das Nachtreiben unterhalb des bevorzugten Abstandes Ihres Hundes häufig ein.

Nach solchen besonders anstrengenden Kombinationen ist es sinnvoll, den Hund zum Abschluss noch einfache Runden laufen zu lassen. So kann er sich seine Anspannung ablaufen und zum Abschluss etwas tun, was er gut beherrscht.

Hütespiele – nicht nur für Hütehunde

Grundsätzlich ist das Hütespiel für alle Hunde geeignet, die gerne rennen und sich für ein Spielzeug begeistern können.

Probieren Sie es doch einfach aus, ob Ihrem Hund Teile des Hütespiels gefallen! Vielleicht zeigt Ihnen Ihr Hund ja Eigenarten, die Sie gar nicht vermutet hätten.

Treibhunde

Natürlich ist das Hütespiel für Treibhunde geeignet. Allerdings nehmen sie Flächen zum Umrunden häufig schlechter an, da sie nicht nur um eine Herde herum arbeiten, sondern auch in deren Mitte. Weiterhin möchten sie möglichst viel Hetzen und Packen, also an das

Auch ihm macht das Hütespiel sichtlich Spaß.

Spielzeug gelangen, und nicht so viel Abstoppen und Warten.

Auf der anderen Seite müssen Treibhunde an einer Herde auch lernen, sich zurückzunehmen. Sie sollen ja nicht wahllos in die Rinderbeine beißen, sondern die Tiere möglichst zielgerichtet antreiben. Versuchen Sie bei Ihrem Hund ein gesundes Maß zwischen dem Packendürfen des Spielzeugs und dem beherrschten Abstoppen und Nachtreiben herauszufinden. Belohnen Sie das Warten oder Nachtreiben besonders oft durch Zuwerfen des Spielzeugs und nicht dadurch, dass Ihr Hund zum Spielzeug rennen und es packen darf.

Vermeiden Sie mit Ihrem Treibhund zu wilde oder lang andauernde Zerrspiele, denn durch die starke Veranlagung zum Packen neigen Treibhunde dazu, sich zu stark hineinzusteigern. Für sie sind in der Regel Apportierspiele besser geeignet. Geben Sie daher das Spielzeug im Hütespiel häufig auf „Ja!“ frei, indem Sie es für Ihren Hund zum Apportieren in seiner Laufrichtung werfen.

Der Australian Cattle Dog zeigt durch den genetischen Einfluss des Kelpie außer seinen Treibhundeigenschaften häufig viel Veranlagung zum Fixieren und Anpirschen.

Schäferhunde

Gehört Ihr Hund zu den Nachfahren der Tending Dogs (siehe Seite 8), kann es ihm besonders gefallen, eine Linie abzulaufen. Diese Linie können Sie schaffen, indem Sie zum Beispiel zwei voneinander entfernt stehende Bäume zum Umrunden in das Spiel einbinden. Durch die Wahl dünner Bäume wird die Linie besonders gerade. Ihren Hund schicken Sie einfach von der Mitte aus im Wechsel um die Bäume herum. Bestärken Sie Ihren Hund mit „Ja!“ und dem Werfen des Spielzeugs außerhalb der Linie. So kann er das „ausgebrochene“ Spielzeug packen und zu Ihnen zurückbringen. Auch Schäferhunde neigen wie die Treibhunde dazu, sich in Zerrspiele sehr hineinzusteigern, sodass für sie Apportierspiele besser geeignet sind.

Ist Ihr Hund von diesem Spiel sehr begeistert und Sie haben sogar den Eindruck, dass er sich hineinsteigert, ist es sinnvoll, wenn Sie in das Spiel ruhige Bleib-Übungen einbauen und ihn dafür viel belohnen. Auch bei der Hütearbeit muss ein Schäferhund das Warten an einem zugewiesenen Punkt beherrschen.

Die Hütearbeit der Tending Dogs verläuft im Gegensatz zu den anderen Hütehunden auch um den Schäfer herum. Daher sind Schäferhunde besonders für das Longieren geeignet (siehe Seite 89). Allerdings bietet sich anstelle eines abgesteckten Kreises natürlich schlicht ein Rechteck an (siehe Seite 8). Richtungswechsel werden sowohl bei der Hütearbeit als auch beim Longieren trainiert. Das Warten an Eckpunkten wird in der Hütearbeit dieser Hunde benötigt, um zu erreichen, dass die Schafherde eine bestimmte Weg- oder Feldecke sauber ausläuft. Es wird „Wehren aus dem Stand“ genannt, denn der Hund muss verhindern, dass eines der Schafe die Ecke missachtet. Daher bieten sich Bleib-Übungen an den Eckpunkten besonders an. Als Belohnung eignet sich das Werfen eines Spielzeugs in das Rechteck hinein, sodass der Hund es wie ein ins Feld einbrechendes Schaf packen kann.

Wichtig!

Schäferhunde aus Leistungszuchten gehören in die Hände von Schäfern!

Vorstehhunde

Die Gruppe, die nach den Hüte-, Schäfer- und Treibhunden besonders für die Hütespiele geeignet sind, sind die Vorstehhunde. Sie haben nämlich ähnlich wie die Koppelgebrauchshunde eine besondere Ausprägung im Anpirschen und Fixieren, wobei ihr Schwerpunkt deutlich auf Letzterem liegt. Denn das Vorstehen ist nichts anderes als ein Fixieren der Beute. Daher zeigen Vorstehhunde und natürlich alle anderen Jagdhunde, die eine Tendenz zum Vorstehen aufweisen, Begeisterung am Warten auf die Beute und damit auch am Hütespiel. Zusätzlich sind Vorstehhunde unglaublich lauffreudig, sodass sie Freude an allem haben, was mit Bewegung zu tun hat. Durch ihre Veranlagung zum Bringen bietet sich die Kombination mit dem Apportieren an.

Vorstehhunde eignen sich besonders für das Umrunden großer Bereiche und Schicken auf Entfernung. Umrunden von Flächen ist ihnen häufig unlogisch. Leichter fällt ihnen das Umrunden hoher dichter Hindernisse.

Jeder Grund zum Rennen ist einem Vizsla recht.

Jagd mit Vorstehhunden

Vorstehhunde sollen bei der Jagd unermüdlich Wiesen und Felder systematisch, möglichst im Zickzack, ablaufen und mit hoch gehaltener Nase suchen, bis sie Federwild gefunden haben. Hat ihre feine Nase ihnen einen Platz verraten, wo Federwild sitzt, zeigen sie es dem Jäger durch Vorstehen an. Dieser kann in Ruhe dichter kommen und genau den Zeitpunkt bestimmen, in dem das Wild aufgescheucht wird, damit er es schießen kann. Hinterher apportiert der Hund ihm die geschossene Beute.

„Warte“ für Vorstehhunde

Zum Training für das Abstoppen eignet sich bei Vorstehhunden besonders gut der Moment bei einem Apportierspiel, in dem der Hund erwartungsvoll beobachtet, in welche Richtung Sie das

Beim Spannungsaufbau kommt bei einem Vorstehhund eine Pfote wie von selbst hoch.

Spielzeug werfen werden. Nutzen Sie diesen ruhigen Moment, indem Sie das Spielzeug nicht sofort werfen, sondern es ruhig hypnotisierend ein wenig hin und her pendeln lassen. Verharren Sie selbst dabei möglichst bewegungslos. Beobachtet Ihr Hund nun seinerseits fast bewegungslos das pendelnde Spielzeug, erlösen Sie ihn mit „Ja!“ und dem Werfen des Spielzeugs. Dehnen Sie die Zeitspanne bis zum Werfen allmählich aus.

Tipp

Erlösen Sie Ihren Hund mit „Ja!“ immer in dem Moment aus dem Verharren, wenn er besonders gut steht.

Im fortgeschrittenen Training können Sie die Schwierigkeit steigern, indem Sie die Zeit des Wartens immer länger ausdehnen. Denn bei der Jagd muss ein Vorstehhund durchaus minutenlang verharren können. Beginnen Sie, indem Sie das Spielzeug auch mal kurz auf die Erde legen, bevor Sie es werfen. Nehmen Sie es anfangs sofort ruhig wieder hoch und bestärken Ihren Hund mit „Ja!“ und dem Werfen des Spielzeugs für sein artiges Bleiben.

Dehnen Sie allmählich die Zeitspanne aus, in der Sie das Spielzeug vor dem Werfen auf der Erde liegen lassen. Bleiben Sie aber zunächst noch über das liegende Spielzeug gebeugt und führen im Verlauf vieler Trainingseinheiten vorsichtig ein, dass Sie sich auch aufrichten und später sogar weggehen können.

Tipp

Bewegen Sie sich bei dieser Übung immer sehr langsam, sodass Sie die Stimmung gespannten Wartens auf Ihren Hund übertragen. Vorstehhunde lassen sich nämlich sehr gut durch eine solche Stimmungsübertragung zum Vorstehen regelrecht anstecken.

Bewältigt Ihr Hund die Übung gut, können Sie zum nächsten Schritt übergehen: Er soll sogar warten, wenn Sie das Spielzeug von sich weg werfen. Beginnen Sie in sehr kleinen Schritten, indem Sie das Spielzeug zunächst nur hinter sich fallen lassen. Steigern Sie sehr langsam die Entfernung, die Sie das Spielzeug hinter sich fallen lassen, sodass auch die Wurfbewegung nur mit zunehmender Entfernung ganz allmählich stärker wird.

Nehmen Sie das von Ihnen nah geworfene Spielzeug selber wieder hoch und entlassen Ihren Hund erst dann mit „Ja!“ und dem Werfen des Spielzeugs aus dem Verharren. Warten Sie unbedingt nach dem Aufheben des Spielzeugs immer ein paar Sekunden, damit Ihr Hund nicht denkt, dass er losstürmen darf, sobald Sie sich bücken. Werfen Sie anfangs das Spielzeug hinter Ihren Hund. Das unterstützt das sichere Warten.

Erst wenn Ihr Hund sicher im Warten geworden ist, können Sie ihn aus dem Verharren direkt mit dem „Ja!“ zum Apportieren des Spielzeugs entlassen. Natürlich können Sie in dem Fall auch das Verharren mit dem Signal für das Apportieren für Ihren Hund auflösen.

Umrunden

Einfache Umrundungen können Sie leicht mit dem Apportieren in Verbindung bringen. So erreichen Sie, dass sich Ihr Hund für einmal Spielzeugwerfen mehr bewegen muss.

Möchten Sie mit Ihrem Hund Umrundungen im Wechsel aufbauen, führen Sie sehr vorsichtig von Zeit zu Zeit eine Runde mehr ein, bevor Ihr Hund sein Spielzeug apportieren darf. Halten Sie das Spielzeug hinter Ihrem Rücken verdeckt, wenn Sie Ihren Hund in eine zweite Runde schicken möchten. Halten Sie es erst dann sichtbar für Ihren Hund, wenn er es nach einem Stopp auch wirklich apportieren darf. Halten Sie die Stopps vor einer weiteren Runde so kurz, dass sie eher wie ein Wenden wirken.

Tipp

Steigern Sie nie ausschließlich kontinuierlich die Anforderungen beim Training, sondern festigen Sie zwischendurch immer mal eine Übung, die Ihr Hund bereits gut beherrscht. So stärken Sie das Selbstvertrauen Ihres Hundes in seine Fähigkeiten und erzielen bessere Ergebnisse.

Variante für Vollprofis

Haben Sie eine Wiese zur Verfügung, an deren Rand einzelne Bäume stehen und die Sie mit Ihrem Hund nutzen dürfen, können Sie ihn sogar praktisch im Zickzack über die Wiese zu einem Baum nach dem anderen schicken. Natürlich müssen Sie das sehr langsam aufbauen und Ihrem Hund anfangs nach jeder Runde das Spielzeug werfen.

Eine Runde und dann noch Apportieren. Welch ein Spaß!

Klappt das Zickzack-Schicken dann gut, bauen Sie das Abstoppen mit ein. So stellen Sie annähernd den Bewegungsablauf einer Feldarbeit bei der Jagd. Durch die Kombination mit einer Suche nach dem (heimlich) geworfenen Spielzeug können Sie sogar noch etwas Nasenarbeit einbauen.

Stöberhunde

Die Gruppe der Stöberhunde wird von den verschiedenen Spanielrassen gebildet. Sie sind, ähnlich wie die Vorstehhunde auf dem Feld, auf die Suche in Wäldern spezialisiert. Sie suchen mit tiefer Nase. Haben sie Wild gefunden, wird auch bei ihnen verlangt, dass sie vor dem Wild warten. Daher ist es gut möglich, dass sich ein Stöberhund für das Abstoppen im Hütespiel begeistern kann. Ebenfalls sind sie für das Apportieren von geschossenem Wild zuständig.

Für Stöberhunde sind zum Umrunden am besten undurchdringliche Bereiche, wie besonders dicke Bäume geeignet. Denn Gebüsche möchten Sie natürlich durchstöbern und nicht umrunden.

Als Position für das Abstoppen sollten Sie am besten das Hinlegen trainieren. Denn diese Position ist auch bei der Jagd für Stöberhunde vorgesehen, um gefundenes Wild anzuzeigen.

Als Spielkombinationen eignen sich das einfache Umrunden, Umrunden im Wechsel und das Umrunden mit Abstoppen wie für die Vorstehhunde. Kombinieren Sie diese Übungen ebenfalls mit dem Apportieren.

Tipp

Passen Sie gut auf, was Sie Ihren Hund umrunden lassen. Es könnte sein, dass er unterwegs auf eine interessante Spur stößt oder gar Wild aufstöbert. Gehen Sie daher vor dem ersten Umrunden mit Ihrem Hund zusammen um unübersichtliche Bereiche herum, damit Sie keine unerwünschten Überraschungen erleben!

Apportierhunde

Durch ihre Apportierleidenschaft sind die Retriever in der Regel für alles zu haben, bei dem sie etwas bringen können. Sie sind bei der Jagd darauf spezialisiert, geschossenes Wild zu Lande und zu Wasser zu finden und zu apportieren. Dabei müssen sie auch auf Richtungsweisungen des Jägers arbeiten können und bringen somit einen Sinn für das Richtungsschicken mit.

Retriever lassen sich häufig für das Umrunden in Verbindung mit dem Apportieren begeistern. Bauen Sie die Kombinationen auf wie für Vorstehhunde (siehe Seiten 55–57), aber Sie können das „Warte“ durch „Sitz“ ersetzen.

Zusätzlich müssen Apportierhunde im Jagdeinsatz lernen, ruhig zu warten, während sie die Beute riechen, hören oder sehen. Bauen Sie mit Ihrem Apportierhund also ruhig längeres Warten auf, bevor Sie ihn apportieren lassen oder in eine Umrundung schicken. Auch hierbei gilt es, ein überzeugender Trainer zu sein: Lassen Sie keine Machtproben entstehen, sondern entlassen Sie Ihren Hund zur Belohnung für seine begeisterte Mitarbeit immer dann ins Apportieren, wenn er gerade besonders gut wartet. Festigen Sie das ruhige Bleiben zwischendurch über Futterbelohnungen.

Wasserhunde

Eine große Begeisterung für das Apportieren findet sich bei fast allen Wasserhunderassen, sodass Sie mit der Spielversion für Apportierhunde an Land eine interessante Möglichkeit haben, etwas tun zu müssen, bevor sie an die Beute kommen.

Der spanische Perro de agua stammt von Hütehunden ab, sodass er sich sogar für das gesamte Hütespiel begeistern kann.

Terrier

Viele Terrier wurden zur Mäuse- und Rattenbekämpfung eingesetzt. Für diese Typen Terrier ist es wichtig, schnell reagieren und zupacken zu können, wenn eine Maus vorbeikommt – sonst ist sie gleich im nächsten Loch verschwunden. Solchen Terriern gefällt es eher nicht und es kann sie sogar stressen, wenn sie eine Beute, die sie schon gesehen haben, zu lange nicht bekommen. Für sie ist das Abstoppen und Nachtreiben im Hütespiel eher nicht geeignet. Aber etwas zu umrunden, um dahinter eine Beute vorzufinden und sie zu erjagen, ist für einen Terrier ein großer Spaß.

Wählen Sie für das Hütespiel mit Ihrem Terrier möglichst Objekte, bei denen Ihr Hund das Spielzeug außer Sicht verliert und er es auf der anderen Seite wieder neu entdecken und packen kann. Besonders geeignet sind mehrere Bäume, die mit geringem Abstand beieinander stehen. Denn dann können Sie Ihren fortgeschrittenen Terrier um einen Baum nach dem nächsten schicken, bis Sie ihm endlich nach irgendeiner Runde sein Spielzeug zeigen und er es packen darf.

Als schwierigere Variante stoppen Sie Ihren Hund nach einer Runde ab und schicken ihn zurück, wobei er sein Spielzeug aber nicht sehen darf. Er bekommt es erst zu Gesicht, wenn er die zweite Runde gelaufen ist. Es war nach der ersten Runde einfach gerade nichts da, was er hätte schnell packen müssen. Dieses Hin- und Herschicken können Sie im Verlauf vieler Trainingseinheiten immer häufiger machen, sofern Sie sehen, dass Ihr Hund daran Spaß hat.

Trainieren Sie das Warten bei diesem Hundetyp mit Hilfe des Clickertrainings und bauen Sie das Abstoppen mit Richtungswechsel erst in das Umrundungsspiel mit ein, wenn Ihr Hund das Abstoppen gut verinnerlicht hat.

Eine Aufgabe zu bewältigen, stärkt das Selbstvertrauen.

Achten Sie beim Spiel darauf, dass Ihr Hund sich nicht zu stark erregt und alles spielerisch bleibt. Denn Terrier sind schnell gefährdet, sich in Zusammenhang mit Spielzeug in eine hohe Erregung hineinzusteigern.

Dackel

Bauhunde wie die Dackel werden Freude an den Hütespielen haben, da sie immer spiel- und lernbegeistert sind, sofern die Übungen positiv aufgebaut sind. Sie haben für gute Spiele, bei denen sie mitdenken müssen und sich in Szene setzen können, viel übrig. Als besonderen Spaß können Sie in das Umrunden für Ihren Dackel Strecken mit Spieltunneln für Kinder einbauen. Dann muss Ihr Hund, ähnlich wie bei einem Bau, durch die Röhren laufen, um an seine Spielzeugbeute zu gelangen.

Meist eignen sich für Dackel die Spielvarianten für Terrier. Allerdings werden Dackel bei der Jagd fast schon als Mädchen für alles eingesetzt, sodass Sie einfach probieren können, für welche Spielkombinationen sich speziell Ihr Dackel begeistert.

Gesellschaftshunde

Sehr verspielt und lernbegeistert sind viele Gesellschaftshunde, wie beispielsweise die Bichons. Daher bereiten ihnen auch die Hütespiele häufig viel Spaß. Sie müssen sich konzentrieren, sich bewegen und es winkt der Reiz des Lieblingsspielzeugs. Probieren Sie einfach aus, für welche Spielzüge sich Ihr Hund begeistert, und stellen Sie Kombinationen zusammen.

Spaß am Training

Rund ums Lernen

Eine Aufgabe zu bewältigen und Erfolg zu haben, bringt Spaß und stärkt das Selbstbewusstsein. Hierbei liegt die Betonung auf Erfolg. Wer hat schon Lust, bei einem Lehrer zu lernen, der ständig korrigiert? Schlechte Noten wirken als Strafe und motivieren meist nicht wirklich, mehr leisten zu wollen. Aber wenn positive Rückmeldungen kommen und einem das Gefühl vermittelt wird, dass man alles richtig macht, bringt man sich gerne ein.

Hunden geht es genauso. Sie haben am meisten Freude, wenn sie mit Belohnungen lernen. Dabei wirkt eine erhoffte Belohnung, die nicht kommt, strafend genug. Achten Sie daher im Training darauf, dass Sie die Anforderungen für Ihren Hund so setzen, dass er sie auch erfüllen kann.

Siehst du, ich kann ganz toll aufpassen!

Ihr Hund muss nicht perfekt sein, aber glücklich!

Keine schwere Entscheidung

Möchten Sie erreichen, dass Ihr Hund aus Angst vor Ärger oder aus Vorfreude auf eine Belohnung arbeitet?

Ziele erreichen

Überlegen Sie sich bei allem, was Sie Ihrem Hund beibringen möchten, wie das Ergebnis aussehen soll. Was soll Ihr Hund auf welches Signal wann und wo machen? Starten Sie dann immer mit einem möglichst einfachen Schritt, von dem Sie annehmen, dass Ihr Hund ihn bereits bewältigen wird. Bauen Sie von diesem Anfangsschritt die Übung so auf, dass Sie Ihren Hund für viele Teilschritte belohnen können.

Denken Sie immer daran, dass für Ihren Hund das Training mit einem Menschen wie Scharade oder Topfschlagen ist. Er muss mühselig erraten, was wohl das Ziel ist. Je besser Ihre Hilfestellungen sind, desto leichter kann Ihr Hund lernen. Und je länger Sie beide als Team arbeiten, desto besser werden Sie sich verständigen können.

Klappt einmal etwas nicht, überlegen Sie sich in Ruhe, was der Grund sein könnte. Meist war man einfach zu schnell. Beginnen Sie die Übung nochmals bei einem Teilschritt, der noch gut geklappt hatte, und tasten sich an den nächsten Schritt besonders vorsichtig heran.

Möchten Sie unbedingt etwas ändern oder ein bestimmtes Trainingsziel erreichen, gehen Sie es möglichst nicht unter Druck an. Finden Sie – soweit möglich – Lösungen für den Alltag, sodass Sie in Ruhe auf Ihr Ziel hinarbeiten können. Denn entspanntes Training bringt immer bessere Ergebnisse als eines unter Leistungsdruck. Unternehmen Sie all das mit Ihrem Hund, was Ihnen beiden zusammen Spaß macht. Zwingen Sie weder sich noch Ihren Hund dazu, ständig etwas zu tun, was einen von Ihnen stresst. So haben Sie zusammen am meisten Freude aneinander und Sie können quasi nebenbei Ihr Ziel erreichen.

Zeit fürs Training

Es hat sich bewährt, Übungen über den Spaziergang verteilt zu trainieren. Für den Aufbau neuer Tricks und Übungen ist meistens die Wohnung ohne Ablenkung am besten geeignet. Wie lange Ihr Hund sich dabei konzentrieren kann, ist von seinem Typ, seinem Alter und seinen bisherigen Trainingserfahrungen abhängig. Auch weniger kann mehr sein. Allzu seltenes Üben führt aber natürlich auch nicht weiter.

Beginnen Sie eine Trainingseinheit am besten dann, wenn Ihr Hund dazu Lust hat oder leicht zu motivieren ist. Wenn Sie zu Hause üben, achten Sie darauf, dass Sie Ihren Hund zum Training auffordern, wenn er sich gerade ruhig verhält und nichts von Ihnen fordert. So lernt Ihr Hund, dass er mit ruhigem Verhalten am ehesten das Glück haben kann, dass Sie mit ihm arbeiten möchten.

Wählen Sie Pausen und auch das Trainingsende immer in Momenten, in denen Ihr Hund besonders gut mitmacht. Hört man erst auf, wenn der Hund keine Lust mehr hat oder seine Konzentration nachlässt, vermindert das seine Trainingsbegeisterung. Damit das Aufhören nicht wie ein strafendes Ignorieren wirkt, wählen Sie zum Schluss immer ein paar freundliche Worte, lassen Ihren Hund zum Abschluss ein paar Lieblingsübungen ausführen oder spielen mit ihm.

Tipp

Machen Sie an mindestens einem Tag pro Woche Trainingssonntag, an dem Sie nichts mit Ihrem Hund trainieren. Das gibt bessere Ergebnisse und erhält den Spaß.

Signale wählen

Hunde achten besonders auf unsere Körpersprache. So reagieren die meisten Hunde leichter auf Gesten ihrer Besitzer. Den Menschen fällt das häufig gar nicht auf, weil man als Mensch auf die Worte konzentriert ist. Stellt man sich jedoch reglos hin und spricht ein Wortsignal, ohne den Hund anzusehen, wird man oft feststellen, dass dieser seinen Besitzer fragend ansieht.

Die beiden sind sich einig, was gemeint ist.

Gleichzeitig hat man als Mensch unbewusst eine passende Körpersprache zu dem, was man sagt. Daher kommt es, dass Hunde auch nur auf die Kombination von gewohnten Lauten mit der dazugehörigen Körpersprache reagieren können. Aus demselben Grund ist es unsinnig, auf Sprache im Umgang mit Hunden zu verzichten. Man muss sich beim Training nur die Zusammenhänge bestimmter Ziele klarmachen und diese berücksichtigen. Denn ständiges Gerede wirkt auf einen Hund irgendwann wie ein Radio im Hintergrund.

Möchten Sie, dass Ihr Hund auf ein bestimmtes Wortsignal reagiert, müssen Sie dieses korrekt aufbauen. Wählen Sie als Wortsignal immer kurze, prägnante Wörter, die Ihr Hund nicht mit Wörtern aus dem Alltag oder anderen Signalen verwechseln kann. Daher ist es pfiffig, Fremdsprachen zu wählen oder eine andere Sprechweise gegenüber dem Hund zu verwenden. Für den Aufbau müssen Sie immer dieselbe Reihenfolge einhalten:

- Sagen Sie das entsprechende Wort, ohne sich zu bewegen.
- Starten Sie im nächsten Moment die passende Hilfestellung für Ihren Hund.
- Belohnen Sie ihn für die Ausführung.

Auf diese Weise wird der gesprochene Begriff die Ankündigung für die Übung. Ihr Hund wird im Verlauf des Trainings beginnen, die Übung auszuführen, sobald Sie das Wort sagen. Ob er das Wortsignal verinnerlicht hat, können Sie einfach testen, indem Sie die Pause zwischen Signal und Ihrer Hilfestellung ein bis zwei Sekunden länger ziehen als zu Beginn. Führt Ihr Hund die Übung aus, bevor Sie die Hilfestellung geben mussten, loben und belohnen Sie ihn. Klappt es nicht, festigen Sie die Abfolge vom Beginn nochmals sorgfältig.

Tipp

Achten Sie darauf, dass sich alle Signale für Ihren Hund im Klang gut unterscheiden, denn ein Sprachverständnis besitzt Ihr Hund nicht. Es darf keine Verwechslungen mit regelmäßig verwendeten Alltagswörtern von Ihnen geben!

Höhepunkte setzen

Gewichtungen im Training können Sie durch den Einsatz unterschiedlicher Belohnungen erreichen. So können Sie je nach Übung und Trainingsstand freundliche Worte, eine willkommene Berührung, ein Spiel oder Leckerchen zur Bestärkung einsetzen.

- Bei Belohnungen mit Leckerchen nehmen Sie interessantere Leckerchen für neue oder schwierige Aufgaben, einfaches Trockenfutter für gut Gelerntes oder leichte Aufgaben.
- Besonderes sollten Sie auch besonders belohnen, indem Sie Ihrem Hund sein Lieblingsleckerchen, mehrere Leckerchen oder sogar eine kleine Mahlzeit geben.
- Sind für Ihren Hund bestimmte Trainingsinhalte selbstverständlich geworden, bestätigen Sie ihn auch mal einfach nur mit netten Worten und belohnen ihn unterschiedlich häufig für die Ausführung.
- Im Alltag kann eine Belohnung auch darin bestehen, dass Sie Ihren Hund beispielsweise nach einem „Sitz“ von der Leine lassen oder nach der Ausführung eines Signals auf einen ersehnten Liegeplatz gehen lassen. Erkennen Sie bei Ihrem Hund solche Belohnungsmöglichkeiten, nutzen Sie diese für die Ausführung gut gefestigter Signale.

Bei allem Neuen oder Schwierigen sollten Sie nie mit Belohnungen geizen!

Clickertraining – tolle Übungen für Hütehunde

Sie haben einen Hütehund und noch nicht geclickert? Sie müssen es unbedingt ausprobieren! Am Anfang kann man sich häufig nicht vorstellen, was daran eigentlich so toll sein soll. Aber wenn man erst die strahlenden Hundegesichter gesehen hat, die begeistert die nächste Aufgabe erfüllen möchten, hat es sich gelohnt, den Start zu wagen.

Tipp

Mit dem Clicker ist besonders präzises Training möglich, sodass es den Hunden viel leichter fällt zu verstehen, was von ihnen verlangt wird.

Beachten Sie vor dem Beginn des Clickertrainings, das manche Hunde geräuschempfindlich sind. Trifft dies auf Ihren Hund zu, müssen Sie einen besonders leisen Clicker verwenden. Auch Hunde, die schon einmal durch einen Schlüsselwurf, eine Wurfkette oder durch die Verwendung einer Rappelbüchse bestraft worden sind, können empfindlich auf Clickgeräusche reagieren. Lässt sich Ihr Hund auch bei einem besonders vorsichtigen Aufbau mit sehr schmackhaften Leckerchen nicht davon überzeugen, dass das Clickgeräusch etwas Tolles ist, können Sie stattdessen einen besonderen Pfiff oder ein Schnalzgeräusch verwenden. Funktioniert gar nichts Ähnliches, konditionieren Sie Ihren Hund einfach nur auf ein bestimmtes Wort.

Wichtig!

Ein Clicker oder ein entsprechend konditioniertes Geräusch oder Wort ersetzt niemals die Belohnung, sondern ist die Ankündigung, dass es eine Belohnung geben wird!

Grundkonditionierung des Clickers

Die erste Aufgabe ist einfach für Ihren Hund. Er muss nur besonders schmackhafte kleine Leckerchen fressen. Die höhere Anforderung liegt bei Ihnen. Sie müssen das Clickgeräusch auslösen, unmittelbar bevor Sie Ihrem Hund ein Leckerchen geben. Das ist schwieriger als es sich anhört. Denn Sie dürfen mit keiner Bewegung verraten, dass Sie Ihrem Hund das Leckerchen reichen werden. Erst nachdem Sie den Click ausgelöst haben, dürfen Sie sich bewegen, um Ihrem Hund das Leckerchen zu geben. Das muss innerhalb der nächsten halben bis zwei Sekunden geschehen, damit der Hund das Clickgeräusch als Ankündigung einer Belohnung zu verstehen lernt. Es ist also genaues Timing gefragt.

Nun click schon, damit endlich das Leckerchen kommt.

Tipp

Wählen Sie für die Grundkonditionierung und die erste Zeit beim Clicken besonders schmackhafte Leckerchen. Machen Sie sie so klein, dass sie gerade eine kleine Gaumenfreude sind, ohne dass Ihr Hund sich von der Kleinheit veräppelt fühlt. So können Sie mit einer geringen Menge an Leckerchen lange trainieren.

Meine bevorzugte Variante zur Grundkonditionierung des Clickers ist es, die Leckerchen auf einer Anrichte, Kommode oder Fensterbank vorbereitet hinzulegen. Dann muss man sich für das Clicken innerlich gut vorbereiten. Nehmen Sie ein Leckerchen und drücken es bewusst auf die Fläche des Möbelstücks. Clicken Sie und heben im nächsten Augenblick den Druck auf die Fläche auf und geben Ihrem Hund das Leckerchen. Auf diese Weise können Sie Ihre eigenen Bewegungen besonders gut kontrollieren.

CLICKEN = Click & Belohnung
Den Hund zu clicken bedeutet hier immer, dass der Hund für einen Click eine Belohnung bekommt.

Festigen Sie die Grundkonditionierung über ein bis zwei Wochen. Üben Sie je nach Begeisterung Ihres Hundes ein- bis dreimal pro Tag mit etwa 15 bis 30 Leckerchen. Bei den meisten Hunden reicht eine Woche Grundkonditionierung aus. Danach kann eine längere Zeit bis zur Gabe des versprochenen Leckerchens vergehen, solange der Hund den Fokus auf das Versprochene behält.

Konditionieren Sie später zusätzlich noch ein Wort wie den Clicker, zum Beispiel „Prima“ oder „Supi“. Ein Wort lässt sich zwar nicht immer exakt gleich aussprechen und ist zudem abhängig von unseren Stimmungen, aber für den Erhalt von bereits gelernten Übungen leistet es im Alltag gute Dienste, ohne dass man immer den Clicker dabei haben muss.

Tipp

Mit dem Clicker können Sie Ihrem Hund sekundengenau und zuverlässig mitteilen, dass er für das, was er gerade macht, eine Belohnung bekommen wird – unabhängig davon, wo er sich gerade befindet.

Das Wort oder der Clicker ersetzen keine Leckerchen, sie stehen lediglich als Vermittler da. Geben Sie nach dem Click oder Superwort keine Leckerchen mehr, löst sich die begeisterte Reaktion des Hundes sehr schnell in Luft auf.

Achtung!

Da der Hund sich nach dem Click ein Leckerchen abholen kommt, verlässt er dafür natürlich seine Übungsposition. Das ist völlig in Ordnung.

Angucken

Als erste Übung nach der Grundkonditionierung auf den Clicker sollten Sie etwas Einfaches wählen. Das Angucken bietet sich hierfür gut an.

Tipp

Beenden Sie die Übung immer freundlich, bevor Ihr Hund die Lust oder die Konzentration verliert. Aufhören, wenn es am schönsten ist, ist auch im Hundetraining eine wichtige Grundlage.

Clicken Sie einfach jeden Blick Ihres Hundes in Ihre Richtung. In die Augen braucht er Ihnen dabei natürlich nicht zu sehen, da das unter Hunden unhöflich ist und sogar eine Drohung bedeuten kann. Allerdings fällt es vielen Hütehunden leicht, ihren Besitzern in die Augen zu sehen. Sie meinen es tatsächlich nicht unfreundlich, sondern sind einfach nur konzentriert.

Guckt Ihr Hund Sie im Stehen permanent an, bewegen Sie sich einen Schritt. Ihr Hund wird Ihnen folgen, da-

Ich bin bereit! Und du?

bei den Blick kurz in seine Bewegungsrichtung abwenden und Sie erneut ansehen. Diesen Moment müssen Sie unbedingt erwischen und clicken. Auf diese Weise können Sie sich durch die gesamte Wohnung bewegen und Ihren Hund für jeden neuen Blick clicken.

Diese Anguck-Übung stellt später die Grundlage dar, um das Hüteverhalten Ihres Hundes im Freien in gewünschte Bahnen zu lenken.

Übungen mit der Nase

Hier ist nicht die Riechleistung gemeint, sondern der mechanische Einsatz der Nase. Wenn ein Hund lernt, zielgenau etwas mit der Nase zu berühren, ist das vielseitig einsetzbar. Weiterhin verlangen diese Übungen hohe Konzentration vom Hund, was schon eine besondere Leistung darstellt.

Nasentarget

Target bedeutet in diesem Zusammenhang einfach nur Ziel. Der Hund soll also lernen, mit der Nase ein bestimmtes Ziel zu berühren. Als erste Übung bietet sich die Berührung der Spitze eines Stabes an. Als Stab kann man einfach einen Stift wählen oder aber einen ausziehbaren Zeigestab. Letzterer ist besonders geeignet, um ihn als Hilfsmittel für anschließende Übungen einzusetzen.

Zu Beginn halten Sie den Stab so in Ihrer geschlossenen Hand, dass nur die Spitze gerade eben herausguckt – denn viele Hunde sind meistens schnell versucht, einfach in die Spitze hineinzubeißen. Halten Sie Ihrem Hund Ihre Hand mit der minimal herausstehenden Spitze einfach hin. Allein aus Neugierde wird er zum Schnüffeln mit der Nase in die Nähe der Stabspitze kommen. Diesen ersten Moment der Neugierde müssen Sie auf jeden Fall zum Clicken erwischen. Also planen Sie das allererste Hinhalten des Stabes gut. So können Sie am schnellsten die Aufmerksamkeit Ihres Hundes für diese Übung gewinnen.

Haben Sie diesen Schritt gut gefestigt, und Ihr Hund berührt zuverlässig die aus Ihrer Hand hervorschauende Stabspitze, ziehen Sie den Stab ein wenig weiter hervor. Stupst Ihr Hund auch dann weiterhin die Stabspitze an, können Sie den Stab immer länger werden lassen.

Üben Sie im Weiteren, den Stab in verschiedene Richtungen und unterschiedlichen Höhen zu halten.

Achten Sie bei dieser Übung besonders gut darauf, sauber zu trainieren, sodass Ihr Hund sich gar nicht erst angewöhnt, ungenau mit der Schnauze Richtung Stab zu zielen. Das Signal für diese Übung kann zum Beispiel „Tipp“ heißen. Führen Sie es ein, sowie Sie sich sicher sind, dass Ihr Hund im Rahmen der Übung auf die gewünschte Weise die Stabspitze antippen wird.

Licht anmachen

Für diese Übung können Sie sehr gut den Zeigestab verwenden. Sie brauchen lediglich dessen Spitze auf einen Lichtschalter halten und Ihren Hund auffordern, dorthin zu tippen. Dabei wird er mit großer Wahrscheinlichkeit den Lichtschalter betätigen. Wählen Sie zu Beginn unbedingt einen Lichtschalter, der leicht zu kippen ist und nach Möglichkeit ein Geräusch beim Umlegen macht. Das Geräusch hilft Ihrem Hund, eine Logik bei der Übung zu erkennen.

Klappt die Übung mit Hilfe des Zeigestabes gut, führen Sie ein eigenes Signal für das Betätigen des Lichtschalters ein, wie zum Beispiel „Licht“. Festigen Sie die Kopplung „Licht“–Zeigestab auf Lichtschalter–Antippen besonders gut. Beginnt Ihr Hund auf das Signal „Licht“ den Lichtschalter anzutippen, bevor Sie den Zeigestab auf den Lichtschalter halten, ist der geeignete Moment gekommen, auf die Hilfe mit dem Zeigestab zu verzichten.

Sie können diese Übung auch anders aufbauen, indem Sie sich im Baumarkt einen Lichtschalter besorgen. Diesen können Sie Ihrem Hund wie beim Aufbau des Nasentargets einfach vor die Nase halten. Sowie er sich dem Schalter nähert, clicken Sie. Arbeiten Sie auf diese Weise weiter, bis Ihr Hund wirklich den Lichtschalter antippt. Helfen Sie Ihrem Hund bei der Übung, indem Sie den Lichtschalter leicht schräg halten, sodass die anzutippende Seite zu Ihrem Hund zeigt. Hat Ihr Hund gelernt, den Lichtschalter in Ihrer Hand anzutippen, führen Sie das Signal „Licht“ ein.

Arbeiten Sie sich als nächstes an Wände heran. Üben Sie mit Ihrem Hund, an verschiedenen Wänden und in unterschiedlichen Höhen den Lichtschalter zu betätigen. Klappt das gut, beginnen Sie, an fest installierten Lichtschaltern zu üben.

Das wird bestimmt eine Sechs.

Tipp

Beim Arbeiten mit einem Gegenstand ist es am Anfang besonders wichtig, ihn so zu positionieren, dass Ihr Hund die Übung mit großer Wahrscheinlichkeit richtig machen kann.

Würfeln

In Spielzeuggeschäften erhalten Sie Würfel in Fußballgröße. Mit einem solchen Würfel können Sie Ihrem Hund das Würfeln beibringen, was ein besonderer Spaß bei Gesellschaftsspielen sein kann.

Auch diese Übung lässt sich leicht mit Hilfe des Zeigestabes aufbauen. Ist Ihr Hund sicher darin, den Zeigestab zu berühren, halten Sie ihn dicht am Boden an den Würfel, sodass Ihr Hund dabei den Würfel berührt. Besonders pfiffig ist es, wenn Sie den Würfel auf einem Stück gefalteter Pappe oder Ähnlichem etwas schräg legen. So erhöhen Sie die Wahrscheinlichkeit, dass Ihr Hund beim Tippen den Würfel bewegt. Tut er das, ist natürlich eine besondere Belohnung angesagt.

Der weitere Ablauf dieser Übung ist wie beim Licht anmachen – ebenso die zweite Variante. Der Unterschied liegt lediglich darin, dass Sie Ihrem Hund den Würfel so hinhalten, dass er lernt, immer an eine Kante des Würfels zu zielen. In weiteren Übungen halten Sie den Würfel immer tiefer Richtung Boden, bis Ihr Hund den Würfel auch dort anstupst.

Im letzten Schliff belohnen Sie Ihren Hund immer dann überschwänglich, wenn er den Würfel besonders schwungvoll anstupst und vorwärtswürfelt.

Bewegen eines Balles

Der Aufbau der Übung zum Anstupsen eines Balles entspricht der beim Würfeln. Baut man die Übung auf die beschriebene Weise auf, lernt der Hund, den Ball konzentriert und gezielt zu bewegen. Im Weiteren kann man die Übung wie beim Treibball (siehe Seite 89) einsetzen und dem Hund beibringen, den Ball in ein Tor zu dirigieren – und später sogar um Hindernisse herum.

Praktisches für den Alltag

Ein angenehmer Nebeneffekt ergibt sich, wenn man seinem Hund nicht nur einfach etwas zur Beschäftigung beibringt, sondern wenn es etwas Nützliches für den Alltag ist.

Halsband anziehen

Hunde können lernen, ein hingehaltenes Halsband oder den Kopfteil eines Geschirrs anzuziehen. Als Halsband eignen sich für diese Übung Zughalsbänder mit Stopp. Diese sind so weit gearbeitet, dass der Hund den Kopf durchstecken kann.

Halten Sie Ihrem Hund zum Start in die Übung das Halsband einfach hin und clicken ihn für jede Annäherung an das Halsband. Halten Sie es dabei völlig ruhig. Ihr Hund soll sich dem Halsband annähern und nicht Sie sollen Ihren Hund mit dem Halsband erwischen. Achten Sie darauf, dass Sie das Halsband an der Seite halten, sodass der obere Bogen frei liegt. Denn der obere Bogen wird der Anschlagpunkt für Ihren Hund – hier muss er mit der Schnauze durch, um sich das Halsband mit einer Aufwärtsbewegung über den Kopf zu ziehen.

Locken Sie Ihren Hund mit Hilfe eines Leckerchens in die Halsbandöffnung hinein. Clicken Sie ihn für jedes Stück nach vorne. Achten Sie darauf, dass Ihr Hund beim Durchstecken Kontakt mit dem oberen Bogen hat. Clicken Sie Ihren Hund für jede aktive Bewegung in die gewünschte Richtung und arbeiten Sie sich so Schritt für Schritt dahin, dass Ihr Hund das hingehaltene Halsband selbst anzieht.

Anleinen mit einer Hand

Wer kennt nicht die Momente, in denen man nur eine Hand frei hat und den Hund anleinen muss? Diese Situation lässt sich sehr gut üben.

Im ersten Schritt kombinieren Sie einfach den Click des Leinenhakens mit einem Leckerchen. Nach einigen Wiederholungen wird Ihr Hund Sie bereits erwartungsvoll ansehen (= stillstehen), wenn Sie für diese Übung die Leine in die Hand nehmen.

Dehnen Sie die Zeitspanne, die Ihr Hund stillsteht, während Sie die Leine zum Einhaken bereit halten, allmählich aus, um ihn dann mittels Click und Leckerchen für das Stillstehen zu bestätigen. Achten Sie darauf, dass Ihr Hund beim Clicken nach vorne sieht, denn ansonsten könnten Sie ihm aus Versehen beibringen, sich nach Ihrer Hand mit der Leine umzudrehen. Und das behindert Sie beim Anleinen.

Klappt die Übung gut, nähern Sie sich Stück für Stück mit der Leine Ihrem Hund. Clicken Sie unbedingt immer in einem Moment, in dem Ihr Hund noch stillsteht. So bringen Sie Ihrem Hund bei, letztendlich wie eine Statue zu stehen, wenn Sie ihn anleinen möchten. Achten Sie darauf, dass Ihr Hund bei der Annäherung an den Hals nach vorne sieht. Haben Sie es bis zum Einhaken geschafft, festigen Sie den Ablauf zunächst noch im Rahmen des Clickertrainings. Später ersetzt das Einhaken der Leine den Clicker und Sie geben Ihrem Hund nach dem Clicken der Leine sein Leckerchen.

Leinenführigkeit

Hütehunde möchten handeln, organisieren, sortieren, alles im Griff haben. Langweiliges Laufen an der Leine neben einem Menschen, der aus Hundesicht im Schneckentempo dahin kriecht, fällt ihnen häufig schwer. Meiden Sie daher einen täglichen Kampf um die Leinenführigkeit und wählen möglichst ein Hilfsmittel, mit dem Ihr Hund so an der Leine läuft, dass es für Sie beide angenehm ist. Geeignet ist – abgesehen von gut sitzenden, nicht einschnürenden Halsbändern oder Brustgeschirren – die Verwendung eines sogenannten Hareness-Geschirrs oder die Gewöhnung an ein Kopfhalfter. Hareness-Geschirre haben vorne an der Brust einen Haken, über den man den Hund führt. Meiden Sie unbedingt alle Hilfsmittel oder Trainingsmethoden, die unangenehm oder schmerzhaft sind oder über Strafreize funktionieren.

Tipp

Trainieren Sie die Leinenführigkeit so oft wie möglich, aber immer mit Geduld und einem Blick für die Bedürfnisse und Möglichkeiten Ihres Hundes.

Eine sehr angenehme Trainingsversion zur Leinenführigkeit lässt sich an einer Leine mit einem elastischen Anteil durchführen. Durch den elastischen Teil wird ein Rucken in der Leine vermieden und schont so die Gelenke von Hund und Halter.

Wenn Sie eine elastische Leine zum ersten Mal benutzen, wird Ihr Hund am Ende der Leine erstaunt langsamer werden. Dies ist der Moment, in dem Sie clicken müssen. Denn letztendlich möchten Sie, dass der Hund am Ende der Leine langsamer wird oder aber so langsam läuft, dass er das Ende der Leine nicht erreicht. Es geht also in jedem Falle um das langsame Laufen oder Langsamerwerden - und das ist Ihr Ansatz zum Clicken. Wenn Sie auf das Langsamerlaufen Ihr Augenmerk legen, kann Ihr Hund gut verstehen, worum es Ihnen eigentlich geht.

Führen Sie diese Übung immer an der elastischen Leine durch, kann Ihr Hund die Übung vom Alltag unterscheiden. Funktioniert das Prinzip innerhalb der Übungen gut, können Sie die elastische Leine auch immer mehr für Strecken im Alltag verwenden oder eine normale Leine zur Übung einsetzen.

In Deckung

Bei Begegnungen auf dem Spaziergang ist es praktisch, wenn der Hund zur Seite geht, um anderen Platz zu machen. Eine Alternative zum Sitz auf Entfernung oder zum Fuss-Gehen ist „In Deckung“ zu gehen. Hierbei lernt der Hund, an den nächstgelegenen Randstreifen des Weges zu gehen.

Ihr Hund muss Sie an der Leine nicht ansehen. Er sollte lediglich entspannt sein und auf keinen Fall etwas fixieren.

Geschafft! Noch vor dem Radfahrer mit einem Hechtsprung an den Rand, lässt es sich nun in Ruhe warten.

So bringt Pfoten sauber machen Spaß.

Starten Sie mit Ihrem Hund auf einem entspannten Spaziergang, ohne dass gerade jemand überholt oder entgegenkommt. Passen Sie einen Moment ab, in dem Ihr Hund in Ihrer Nähe vor Ihnen läuft. Sprechen Sie ihn an, zeigen an den Rand und gehen mit ihm zusammen dorthin. Sowie Ihr Hund den Rand erreicht, clicken Sie. Wenn Sie sich nach einigen Wiederholungen sicher sind, dass Ihr Hund den Ablauf verstanden hat, können Sie das Wortsignal „In Deckung" einführen. Klappt auch das gut, wählen Sie allmählich immer größere Entfernungen zu Ihrem Hund. Besonders lustig wirkt dieses Signal, wenn der Hund beginnt, übermotiviert an den Rand zu hechten.

Tipp

Je souveräner Sie im Training und im Alltag gegenüber Ihrem Hund auftreten, desto selbstverständlicher wird Ihr Hund Ihnen folgen. Souveränität bedeutet, dass Sie genau wissen, wohin Sie möchten und was Sie tun möchten, und für Ihren Hund gut einschätzbar sind. Ihr Hund darf sich nicht im Mittelpunkt Ihrer Aufmerksamkeit fühlen. Die Kunst liegt darin, seinen Hund scheinbar nebenbei im Auge zu behalten und ihn nicht merken zu lassen, wie viel man eigentlich extra mit ihm und für ihn tut.

Pfoten abtreten

Ein Hund, der sich bei Besuchen selber die Pfoten abtritt, erntet immer Wohlwollen. Das Abtreten der Vorderpfoten können Sie leicht trainieren. Legen Sie ein Handtuch auf Ihre Fußmatte oder eine Trainingsfußmatte an Ihre Haustür. Sie dürfen diese Übung gerne drinnen starten, damit Ihr Hund sich gut konzentrieren kann.

Lassen Sie im ersten Schritt Ihren Hund dabei zusehen, wie Sie einen nicht zu interessanten Futterbrocken unter das Handtuch legen. Dann lassen Sie ihn zum Handtuch. Er wird es zurückkratzen, um an das Futter zu gelangen. In dem Moment, in dem Ihr Hund zu kratzen beginnt, clicken Sie. Die Belohnung für den Click muss in diesem Falle hochwertiger sein als der Brocken unter dem Handtuch.

Beginnt Ihr Hund nach seiner Belohnung wieder an dem Handtuch zu kratzen, um erneut nach dem Brocken zu fahnden, clicken Sie natürlich sofort wieder. Kommt Ihr Hund nicht von alleine auf diese Idee, machen Sie ihn nochmals auf den Brocken aufmerksam. Ist der Brocken aufgefressen, nehmen Sie einen neuen.

Festigen Sie auf diesem Wege die Übung. Sind Sie sich sicher, dass Ihr Hund an dem Handtuch kratzen wird, können Sie das Signal „Pfoten abtreten“ einführen.

Klappt die Übung mit dem Handtuch gut, nehmen Sie etwas Kleineres und zuletzt immer kleinere Teile eines zerschnittenen Lappens, bis Sie auf diese Hilfe ganz verzichten können.

Irgendwann auf dem Trainingsweg wird Ihr Hund beginnen, auch ohne Brocken an dem Tuch zu kratzen. Oder aber er hat gut genug gelernt, auf das Signal „Pfoten abtreten“ hin auf der Fußmatte zu kratzen. Ist das der Fall, gibt es nach dem Clicken unbedingt eine besondere Belohnung.

Gymnastik

Hütehunde haben ein sehr gutes Verständnis für die Aufteilung von Richtungen, Bewegungen und Räumen. Daher fällt ihnen das Erlernen bestimmter Bewegungsabläufe in Zusammenhang mit bestimmten Bereichen häufig besonders leicht.

Drehung

In der Regel hat jeder Hund eine Lieblingsseite, die ihm besonders liegt. Testen Sie einmal aus, ob Ihr Hund „rechts- oder linksdrehend“ ist. Halten Sie ihm dafür ein Leckerchen direkt vor seine Nase in seiner Kopfhöhe und führen ihn so in eine Drehung hinein. Überprüfen Sie beide Drehrichtungen. In welche Richtung wirkt die Drehung flüssiger? Welche Richtung ist seine Schokoladenseite? Ist es die rechte, dann ist es sinnvoll, ihm die Drehung zuerst links herum beizubringen und umgekehrt. Denn Ihr Hund wird am liebsten sowohl seine Schokoladenseite ausführen, als auch in der Regel die Seite, die er zuerst gelernt hat. So fördern Sie ein wenig einen Ausgleich der beiden Seiten.

Finden Sie die Schokoladenseite Ihres Hundes heraus.

Das Clicken können Sie beim Aufbau einer Drehung gut einsetzen, indem Sie beim Locken in die Drehung in den Momenten clicken, in denen Ihr Hund besonders gut in die Rundung kommt. Am Anfang kommt es nicht einmal darauf an, dass Ihr Hund die Drehung zu Ende ausführt. Allerdings sollten Sie darauf achten, dass Sie möglichst schnell die ganze Drehung schaffen, damit Ihr Hund nicht denkt, dass eine halbe Drehung das Ziel der Übung ist.

Beim Locken in eine Drehung ergibt sich eine bestimmte Handbewegung, auf die Ihr Hund achten wird. Um ein Wortsignal einzuführen, wie zum Beispiel „Turn“ oder „Spin“, sagen Sie das Wort, beginnen im nächsten Moment die typische Handbewegung und clicken, sobald Ihr Hund mehr als die Hälfte der Drehung geschafft hat.

Tipp

Trainieren Sie die Übung nicht zu oft hintereinander und machen Sie zwischen den einzelnen Drehungen eine kleine Pause. Sonst bekommt Ihr Hund einen Drehwurm und belastet sich zu stark einseitig.

Im Verlauf vieler Übungen wird Ihr Hund irgendwann die Drehung starten, wenn Sie das Signal ausgesprochen haben. Das ist natürlich der Moment für eine besondere Belohnung nach dem Click.

Ist Ihr Hund sicher in einer Richtung geworden, können Sie ihm die zweite Richtung beibringen. Verwenden Sie hierfür ein Signal, das sich deutlich vom ersten unterscheidet.

Tipp

Notieren Sie sich die einzelnen Signale und Ihre Bedeutung. Allzu schnell kann man nämlich durcheinanderkommen.

Achten laufen

Achten laufen können Hunde um die Beine ihrer Besitzer, durch Hula-Hoop-Reifen oder auch um aufgestellte Pfähle herum. Die Übung ist – abgesehen vom Spaßfaktor – gut für Hütehunde geeignet, um kurzfristig überschüssige Energie abzulaufen.

Locken Sie Ihren Hund einfach mit Hilfe von Leckerchen von vorne schräg nach hinten durch Ihre Beine oder durch einen Hula-Hoop-Reifen. Nehmen Sie dafür am Anfang am besten mehrere Leckerchen in die Hand, die Sie Ihrem Hund nach und nach geben. Auf diese Weise wird der Fluss der Acht nicht unterbrochen.

Click und Leckerchen gibt es in dieser Übung immer, wenn Ihr Hund sich um eines ihrer Beine oder eben um den Reifen herumwickelt.

Wenn Sie auf Nummer Sicher gehen möchten, geben Sie anfangs Ihrem Hund für jeden Schritt ein Leckerchen und bauen die häufigen Gaben allmählich ab, bis er für jede Wendung ein Leckerchen bekommt. Wird die Übung flüssiger, gibt es für eine Acht ein Leckerchen und dann für immer mehr Achten.

Als Signal eignet sich zum Beispiel das spanische Wort für Acht: „ocho“. Sie können es einführen, wenn Sie sich sicher sind, dass Ihr Hund eine Acht laufen wird. Bauen Sie die Hilfestellung mit Ihrer lockenden Hand allmählich ab. Später können Sie Ihren Hund einfach Achten laufen lassen, während Sie aufrecht stehen und Ihren Hund nach einer Zufallsverteilung für seine Achten clicken.

Eine weitere Schwierigkeit ergibt sich, wenn Sie sich beim Achtenlaufen

Fortgeschrittene Hunde können immer mehr Achten laufen, bis sie eine Belohnung bekommen.

vorwärtsbewegen beziehungsweise den Reifen vorwärtsrollen. Beginnen Sie mit kleinen Vorwärtsbewegungen und steigern Sie diese allmählich, sofern Ihr Hund gut mithält.

Hopp

Auf etwas hinauf zu springen, lernen die meisten Hunde fast nebenbei. Sie brauchen lediglich Ihren Hund mit einem Leckerchen auf eine anfangs leicht zu erreichende Erhöhung, wie beispielsweise einen Baumstumpf, zu locken. Ist Ihr Hund oben angekommen, gibt es Click und Leckerchen.

Gehen Sie mit der Einführung des Signals „Hopp“ vor wie bei den anderen beschriebenen Übungen. Je zuverlässiger Ihr Hund auf das Wortsignal reagiert, desto vielseitiger können Sie die Übung einsetzen und auch im Alltag verwenden.

Achtung!

Übermäßiges Springen belastet die Gelenke. Führen Sie solche Übungen daher nur dosiert und mit einem gesunden Hund durch.

Über Hindernisse: Allez!

Auch über ein Hindernis zu springen ist leicht zu erlernen. Für den Start brauchen Sie ein sehr niedriges, klar zu erkennendes Hindernis. Führen Sie Ihren Hund einfach im Laufschritt darauf zu. Springt er darüber, gibt es Click und Leckerchen. Sind Sie sich sicher, dass Ihr Hund das Hindernis überspringen wird, sagen Sie kurz vorher „Allez!“ oder das Signal Ihrer Wahl.

Aus der Entfernung zum Turnen schicken

Besonders elegant sieht es aus, wenn Sie Ihren Hund aus einigem Abstand zu einem Hindernisses schicken. Sie müssen lediglich den Abstand zu einem Hindernis, das Ihr Hund bereits kennt, Schritt für Schritt erhöhen.

Balancieren: Drüber

Balancieren ist eine schöne Geschicklichkeitsübung und fördert das Körpergefühl. Wählen Sie anfangs einen nicht rutschigen, dicken, nicht zu hohen, gefällten Baumstamm. Nehmen Sie zu Beginn mehrere Leckerchen in die Hand. Locken Sie Ihren Hund auf den Baumstamm und belohnen Sie ihn für das Draufsteigen und Stehen. Führen Sie nun langsam Ihre Hand mit den Leckerchen auf Höhe der Hundenase ganz langsam genau über dem Baumstamm entlang. Clicken Sie für jeden Schritt Ihres Hundes und geben ihm ein Leckerchen. Lösen Sie die Übung mit einem bestimmten Signal auf, bevor Ihr Hund von alleine vom Baumstamm springt.

Verlängern Sie im Verlauf der Übungen die balancierte Strecke. Clicken Sie immer später, bis Ihr Hund eine ansehnliche Strecke balanciert. Als Abschluss bietet sich ein „Steh“ an.

Hopp, Allez und Drüber

Als Herausforderung können Sie die drei Signale an einem geeigneten Baumstamm im Wechsel trainieren, sobald Ihr Hund alle drei Signale einzeln sicher beherrscht.
Die richtige Ausführung ist zunächst eine besondere Herausforderung für Sie. Denn Sie müssen Ihrem Hund die passenden Hilfestellungen geben, damit er das Gewünschte ausführt. Erst mit wachsender Sicherheit Ihres Hundes können Sie das Auseinanderhalten der einzelnen Signale für Ihren Hund schwieriger gestalten.

Drunter

Unter etwas hindurchzukriechen oder hindurchzugehen lässt sich sehr gut an Durchfahrtsabsperrungen von Waldwegen oder an Parkbänken üben. Locken Sie Ihren Hund mit Hilfe eines Leckerchens unter dem Hindernis hindurch. Clicken Sie, sowie Ihr Hund sich anschickt, untendurch zu kommen.

Dehnen Sie im Verlauf mehrerer Übungen die Zeitspanne bis zum Clicken allmählich aus, während Ihr Hund unter dem Hindernis hindurchkriecht. Führen Sie ein Wortsignal ein, wenn Sie sich sicher sind, dass Ihr Hund mit der passenden Hilfestellung auch wirklich unter dem Hindernis hindurchkommen wird.

Das war sicher richtig, nicht wahr?

Drüber, Drunter und Drumherum

An Parkbänken lassen sich diese Übungen sehr gut kombinieren. Auch hier besteht die Herausforderung darin, die einzelnen Signale sauber auseinanderzuhalten.

Übungen für das Große Hütespiel

Die meisten Elemente des Hütespiels lassen sich im Rahmen des Clickertrainings in ihren Grundzügen gut erarbeiten. So können Sie das Arbeiten mit einem Spielzeug leichter in Maßen halten.

Umrunden

Für diese Übung brauchen Sie einen schmalen freistehenden Baum oder Pfahl, damit sich Ihr Hund beim Umrunden nicht durch Disteln, Brennnesseln oder Dornen arbeiten muss. Denn das kann einen aufkommenden Spaß an der Übung ganz schnell zunichte machen.

Starten Sie nicht mit der Lieblingsseite Ihres Hundes. Stellen Sie sich dicht vor den Baum und nehmen Sie Ihren Hund neben oder etwas schräg vor Ihnen zu sich. Clicken Sie Ihren Hund in dieser Position. Halten Sie nun ein Leckerchen von der anderen Seite um den Baum herum auf Ihren Hund zu. Am Anfang dürfen Sie den Baum praktisch umarmen, um sicherzugehen, dass Sie Ihren Hund wie gewünscht um den Baum herumlocken können. Bauen Sie diese Hilfestellung aber möglichst schnell ab, sodass es reicht, wenn Ihre lockende Hand ohne Verrenkungen Ihrerseits einfach auf der anderen Seite des Baumes ist. Sowie Ihr Hund nach dem lockenden Leckerchen guckt, clicken Sie und belohnen Ihren Hund auf der Zielseite.

Sind Sie sich nach genügend Wiederholungen sicher, dass Ihr Hund die gewünschte Richtung in der Übung ein-

Bitteschön, einmal um den Pfahl gewickelt.

schlagen wird, achten Sie wie immer auf eine genaue Reihenfolge bei der Einführung des Wortsignals. Platzieren Sie Ihren Hund in der Anfangsposition und halten in der anderen Hand in ihrer Jackentasche ein Leckerchen bereit. Sagen Sie je nach Richtung „Rum" oder „Circle" (siehe auch Seite 37) und halten Sie im nächsten Moment Ihre Hand mit dem Leckerchen wie zum Locken hin. Sowie Ihr Hund beginnt, den Baumstamm zu umrunden, clicken Sie Ihren Hund für die richtige Ausführung. Der letzte Schritt sieht dann wiederum so aus, dass Sie das Signal sagen und Ihr Hund bereits ohne zusätzliche Lockübung startet, sodass Sie direkt clicken können.

Klappt ein Schritt nicht, überprüfen Sie den Ablauf nochmals kritisch. War Ihr Hund nicht gut platziert? War er im entscheidenden Moment abgelenkt? Haben Sie Ihre Haltung oder Ihre Bewegung geändert, dass Ihr Hund sich fragt, ob das eine andere Übung sein soll? Finden Sie keinen Haken, festigen Sie einfach den Schritt mit dem Locken noch ein paar Tage lang und versuchen dann erneut den Übergang in die nächste Schwierigkeitsstufe.

Festigen Sie die Übung an verschiedenen Bäumen und gehen Sie allmählich zu dickeren Bäumen und Gebüschen über. An Bäumen, die Ihr Hund bereits zum Umrunden gut kennt, können Sie beginnen, Ihren Hund aus immer größeren Entfernungen zu schicken.

Warte

Eine Geduldsübung für Ihren Hund ist das Warten vor einem Leckerchen. Wählen Sie anfangs ein nicht zu interessantes Leckerchen und platzieren Sie dieses zunächst in Ihrer Hand versteckt auf dem Boden. Sie müssen das Leckerchen unbedingt so halten, dass Ihr Hund es nicht erreichen kann. Ihr Hund wird sicherlich Ihre Hand beschnuppern und versuchen, durch Lecken, Beknab-

„Warte“ – die reinste Selbstbeherrschung.

bern und Kratzen mit den Pfoten an das Leckerchen zu kommen. Warten Sie nun einfach ab. Irgendwann wird Ihr Hund innehalten – entweder, weil er aufgibt, oder weil er sich etwas Neues überlegt. Auch wenn dieser Moment als Ansatz zum Warten noch so kurz sein mag, müssen Sie clicken, solange Ihr Hund innehält und das Leckerchen frei geben. Hat Ihr Hund die flache Hand auf dem Boden bereits als Platzsignal kennengelernt oder neigt dazu, sich schnell hinzulegen, halten Sie für die Warte-Übung das Leckerchen unter Ihrer Hand versteckt an Ihr Bein auf Höhe der Nase Ihres Hundes. Ziehen Sie sich unbedingt eine stabile Hose dafür an, weil eine große Chance besteht, dass Ihr Hund mit Kratzen an Ihrem Bein versuchen wird, an das Leckerchen zu kommen. Auch hier müssen Sie einfach abwarten, bis Ihr Hund innehält und dann sofort clicken und das Leckerchen freigeben. Auf der anderen Seite besteht bei dieser Variante eine große Chance, dass Ihr Hund direkt verwirrt innehält, was Sie nun für merkwürdige Dinge treiben. Seien Sie also gut vorbereitet, damit Sie diesen Moment sofort per Click erwischen und das Leckerchen freigeben.

Im Verlauf vieler Wiederholungen wird Ihr Hund immer weniger intensiv versuchen, direkt an das Leckerchen zu gelangen und stattdessen warten. Clicken Sie in Momenten, in denen Ihr Hund besonders still steht und dehnen Sie die Zeit bis zum Clicken allmählich aus.

Erlösen Sie Ihren Hund vor allem in den Momenten, in denen er besonders gut verharrt oder sogar eine Pfotenbewegung weg vom Futter anbietet. Andererseits müssen Sie gut darauf achten, dass sich keine Vorwärtsbewegungen einschleichen. Ist das der Fall, müssen Sie die Übung nochmals mit ganz sicheren Übungsvarianten festigen und dürfen sich nur besonders vorsichtig an erneute Schwierigkeitsgrade herantasten.

Als nächste Schwierigkeit arbeiten Sie daran, das Leckerchen frei auf den Boden zu legen. Letztendlich können Sie die Übung noch so weit ausbauen, dass Sie immer weiter entfernt vom Leckerchen stehen und Ihr Hund dennoch artig wartet.

Rückwärts

Das Rückwärtsgehen ist für viele Hunde und Ihre Besitzer eine besondere Herausforderung. Bringen Sie Ihren Hund stehend direkt vor Ihnen in Position und belohnen Sie ihn dort. Halten Sie ihm dann in Höhe seiner Schnauze ein Leckerchen hin, das Sie ihm aber noch nicht geben, sondern gehen Sie langsam auf Ihren Hund zu. Beobachten Sie gut seine Pfoten. Sowie er den Ansatz einer Ausweichbewegung nach hinten zeigt, clicken Sie. Durch Wiederholungen wird Ihr Hund deutlichere Bewegungen nach hinten anbieten.

Für manche Hunde ist es günstig, das Leckerchen nach dem Click zwischen die Vorderbeine fallen zu lassen, um dadurch die Rückwärtsorientierung des Hundes zu unterstützen.

Ein Signal für Rückwärts wie zum Beispiel „Back" können Sie einführen, wenn Sie sich sicher sind, dass Ihr Hund mit Ihrer Hilfestellung rückwärts gehen wird.

Rückwärtskriechen

Locken Sie Ihren Hund in die Platz-Postition und geben ihm dort ein Leckerchen. Nehmen Sie dann ein weiteres Leckerchen, das Sie in Ihrer Hand geschützt halten. Halten Sie es wie beim Rückwärtsgehen vor die Nase Ihres Hundes und führen es gerade auf seine Brust zu. Auch hierbei müssen Sie am Anfang jedes Zucken nach hinten clicken und sich so allmählich an das Kriechen herantasten.

Im Spiel mit Spielzeug ergibt sich das Rückwärtskriechen manchmal fast von alleine. Hocken Sie sich zum Spielen mit Ihrem Hund auf den Boden. Dabei bieten viele Hunde von sich aus an, sich beim Spielen zwischendurch hinzulegen. Legt Ihr Hund sich hin, während Sie das Spielzeug haben, bekommt er es sofort. Haben Sie so das Hinlegen gefestigt, kann es sein, dass Ihr Hund in seiner Aufregung ungeduldig hin- und herrutscht, wenn Sie ihm das Spielzeug nicht gleich geben. Sie können das Rückwärtsrutschen auch forcieren, indem Sie sehr leichte Wurfantäuschungen machen, während Sie das Spielzeug flach auf dem Boden halten. Sowie Ihr Hund nach hinten rutscht, bekommt er das Spielzeug. Auf diesem Wege können Sie die Strecke, die Ihr Hund sich liegend rückwärts bewegt, langsam ausdehnen.

Tipp

Üben Sie eher unnatürliche Bewegungen von Hunden nur dosiert, um seine Gelenke zu schonen.

Arbeitsbeschaffungsmaßnahmen für Hütehunde

Der Hundesport bietet ein großes Angebot an Ersatzbeschäftigungen für aktive Hunde. Am besten ist es, wenn Sie ein Hobby finden, das sowohl Ihrem Hund liegt als auch Ihnen gefällt. Es ist frustrierend, einen Hund zu einer Sportart zu treiben, für die er keine Begabung oder Begeisterung besitzt. Anders herum kann ein begeistert mitmachender Hund seinen Besitzer durchaus mitreißen.

Der Hundesport bietet viele Arbeitsbeschaffungsmaßnahmen für Hütehunde.

Ehrgeiz ist jedoch nie über die Begeisterung hinaus gefragt. Ihrem Hund ist es wichtig, etwas zu machen, woran er Freude hat. Ansonsten ist es für ihn lediglich wichtig, dass Sie mit ihm zufrieden und guter Laune sind. Auf Pokale kann er gut verzichten.

Kommen Ehrgeiz und Turniere ins Spiel, steigt auch die körperliche Belastung des Hundes enorm. Es ist keine Seltenheit, dass stark beanspruchte Hunde besonders früh Probleme mit den Gelenken bekommen.

Generell ist es wichtig bei Sportarten, bei denen es letztlich auch um Geschwindigkeit geht, Erregtheit nicht mit Schnelligkeit oder Begeisterung zu verwechseln. Aufregen können sich viele Hütehunde prima ganz von alleine. Das sollten Sie nicht extra fördern. Im Gegenteil: Es ist gerade für leicht erregbare Hunde wichtig, dass sie durch viel Konzentration im Training eher ein ruhiges Arbeiten entwickeln.

Dogdance

Beim Dogdance werden viele Tricks, die häufig einen tänzerischen Charakter haben, wie Drehungen oder Spanischer Schritt, in Choreografien zu Musik umgesetzt. Die Tricks werden meist mit Hilfe des Clickertrainings beigebracht.

Für Dogdance sind Hütehunde sehr gut geeignet. Das Lernen der Tricks und das Auseinanderhalten der einzelnen Elemente erfordert viel Konzentration. Daher bringt diese Sportart einem Hund vor allem geistige Auslastung zusätzlich zum körperlichen Einsatz. Bei Sprüngen und Tricks auf zwei Beinen werden die Gelenke stark beansprucht, aber man kann auf solche Übungen ja einfach verzichten.

Obedience

Im Obedience werden Grundsignale wie Sitz, Platz, Steh, Fuß und der Rückruf in besonderer Perfektion trainiert. Weitere Inhalte sind das Apportieren, das Schicken und in den höheren Klassen die Unterscheidung von Gerüchen. Bei Prüfungen werden zusätzlich das Verhalten des Hundes und der Umgang mit dem Menschen beurteilt.

Obedience ist für all die Hundebesitzer geeignet, die Freude am Hundetraining an sich haben. Hütehunde sind durch ihre große Lernbereitschaft sehr gut für Obedience geeignet. Diese Sportart bringt vor allem geistige Auslastung für die Hunde. Im Training muss man gut aufpassen, den Spaßfaktor für den Hund zu erhalten.

Spaß an gemeinsamer Arbeit.

Agility

Zur körperlichen und geistigen Auslastung ist Agility sehr gut geeignet. Es müssen hier verschiedene Hindernisse und Sprünge in einer vorgegebenen Reihenfolge in korrekter Form bewältigt werden. Da die Abfolgen wechseln, muss der Besitzer seinen Hund frei lenken können, um ihn über den Parcours leiten zu können.

Beim Agility trifft man häufig sehr erregte Hunde an. Das Ausmaß der Erregung ist aber in hohem Maße durch die Art des Trainings beeinflussbar. Sprünge und das Überklettern einer A-Wand belasten die Gelenke. Das Slalom-Laufen ist bei häufigen Durchgängen in hoher Geschwindigkeit vor allem für die Schultergelenke belastend.

Hütehunde sind für Agility sehr gut geeignet und man trifft sie häufig bei Turnieren an.

Degility

Die Idee des Degility besteht darin, mit Hunden Geschicklichkeitsübungen, ähnlich wie beim Agility zu absolvieren, aber ohne die Gelenke zu belasten. Gleichzeitig wird hier das Augenmerk auf sauberes Arbeiten und Konzentration gelegt.

Durch ihre körperliche Geschicklichkeit und Lernbegeisterung sind Hütehunde hierfür sehr gut geeignet. Die ruhige Arbeit tut den häufig sowieso schon hochtourig laufenden Hütehunden besonders gut.

Auch wenn Sprünge immer beeindruckend wirken, ist es gesünder, sie sparsam einzusetzen.

Flyball

Die Grundlage für Flyball bildet eine Ballwurfmaschine, die von den Hunden eigenständig bedient wird, um einen Ball abzuschießen. Um zur Wurfmaschine zu gelangen, müssen die Hunde einige Sprünge überwinden. Den abgeworfenen Ball müssen die Hunde fangen und mit ihm über die Hürden zurück zum Start laufen.

Haben die Hunde die Betätigung der Ballmaschine erlernt, stellt Flyball keine große geistige Herausforderung mehr dar. Es geht um Reaktionsfähigkeit, Geschwindigkeit und die Begeisterung für den Ball. Durch die Sprünge und die sich wiederholende scharfe Wendung an der Flyballmaschine belastet diese Sportart die Gelenke, wenn sie intensiv betrieben wird. Da Hütehunde meist schnell und leicht für Bälle zu begeistern sind, sind sie beim Flyball häufig anzutreffen.

Discdogging

Die Voraussetzung für das Discdogging ist eine Begeisterung für Frisbees bei Hund und Besitzer. Wie beim Dogdance wird zu Musik eine Kür zusammengestellt, bei der der Hund aus verschiedenen Richtungen, Winkeln und Höhen geworfene Frisbees fängt. Zum Großteil werden Sprünge vor dem Fangen des Frisbees eingebaut, es sind aber auch verschiedenste Tricks in einer Kür möglich.

Durch ihre Spielzeugbegeisterung, Wendigkeit und Arbeitsfreude sind Hütehunde für diese Sportart sehr gut geeignet. Sie werden dabei sowohl geistig als auch körperlich gefordert. Die vielen Sprünge bedeuten eine besonders starke Belastung der Gelenke.

Dummytraining

Die Arbeit mit Dummys ist für Apportierhunde entwickelt worden. Anstatt Enten apportieren die Hunde zu Lande und zu Wasser Dummys. Dabei müssen die Hunde vielfach auf Richtungsweisung arbeiten.

Grundsätzlich können Sie nicht davon ausgehen, dass ein Hütehund für diese Sportart geeignet ist. Haben Sie aber einen apportierfreudigen Hütehund erwischt, kann er beim Dummytraining durchaus sehr gut seinen Hund stehen.

Mantrailing

Unter Mantrailing versteht man die Suche nach einer Person anhand ihrer persönlichen Geruchsspur. Der Hund wird dabei an Geschirr und einer langen Leine geführt. Die Arbeit erfordert von den Hunden eine hohe Konzentration und gute Nase.

Da die meisten Hütehunde für die Arbeit auf Sicht ausgelesen wurden, darf man von ihnen im Mantrailing nicht automatisch Glanzleistungen erwarten. Außerdem arbeiten Hütehunde am liebsten frei – ohne Leine. Aber für die Tiere mit Freude an dieser Art Arbeit bietet das Mantrailing eine sehr schöne Herausforderung.

Zielobjektsuche – ZOS

In Anlehnung an die Arbeit von zum Beispiel Drogensuchhunden werden bei der markenrechtlich geschützten Zielobjektsuche Gegenstände gesucht. Nur die Hütehunde, die eine Begeisterung für Nasenarbeit haben, sind hierfür gut geeignet. Vor allem die Rassen, die auch für das Auffinden verloren gegangener Schafe eingesetzt wurden, finden hier einen tollen Arbeitsbereich.

Longieren

Beim Longieren lernt der Hund ohne Leine außerhalb eines Kreises zu laufen und auf Signale seines Besitzers, der immer innerhalb des Kreises bleibt, zu achten. Trainiert werden verschiedene Gangarten, Richtungswechsel und Stoppsignale. Unendliche Möglichkeiten bieten sich durch die Kombination mit Tricks, Hindernissen und der Verschaltung mehrerer Kreise. Das Longieren bietet geistige und körperliche Beschäftigung, für das Hütehunde sehr gut geeignet sind.

JAD

Die Anfangsbuchstaben der drei Wörter von Jump And Dance bilden die Bezeichnung JAD. Bei dieser Sportart werden Inhalte aus Agiliy, Dogdance und dem Longieren miteinander kombiniert. Der Hundebesitzer führt seinen Hund von der Mitte eines abgesteckten Kreises aus zu Musik. Im Kreis werden Geräte platziert. Die Hunde wechseln zwischen den Geräten und Inhalten aus dem Dogdance und dem Longieren ab. So kommen vielfältige Variationen zustande. Hütehunde sind für JAD sehr gut geeignet.

Treibball

Beim Treibball bewegen die Hunde große Gymnastikbälle an vom Besitzer bestimmte Orte. Dies geschieht mit der Schnauze und/oder der Schulter. Die Hunde müssen sich vom Besitzer auf Entfernung stoppen und in Richtungen schicken lassen. In einem Spiel werden mehrere Bälle nach Auswahl des Besitzers nacheinander vom Hund durch ein Tor gebracht, wobei teilweise auch Hindernisse bewältigt werden müssen.

Diese Sportart ist für Treibhunde bestens geeignet, aber auch für vom Typ her eng arbeitende Hütehunde. Vermeiden sollte man das Spiel in hoher Erregung. Immer wieder sieht man Hunde, die völlig erregt in die Bälle beißen. Aber solch kopfloses Treiben mit ständigem Packen ist selbst bei der ursprünglichen Arbeit an Rindern nicht gefragt. Mit Konzentration besonnen aufgebaut, wie es auch gedacht ist, ist das Spiel für viele Hunde ein toller Sport.

Wichtig!

Achten Sie bei der Auswahl eines Hundeplatzes auf eine positive Arbeitsweise und einen liebevollen Umgang mit den Hunden. Ihr Hund soll immer gerne dorthin gehen und nicht angespannt oder nervös sein.

Hütehunde richtig auslasten

Ein erwachsener Hund kann Ihnen regelrecht „erzählen“, was für ihn die richtige Beschäftigung und das richtige Maß sind. Beobachten Sie ihn einfach: Nach welcher Spaziergangslänge macht er zu Hause einen zufriedenen Eindruck? Ein täglicher langer Spaziergang von 1,5 bis 2 Stunden Länge ist für einen erwachsenen und gesunden Hund in der Regel eine gute Grundlage. Durch das In-Bahnen-Lenken des Hüteverhaltens ergibt sich über den Spaziergang verteilt eine Arbeitsgrundlage, die jeden Spaziergang aufwertet. Ist Ihr Hund sehr arbeitsfreudig, machen Sie unterwegs immer mal Übungen mit ihm. Und für besonders hütebegeisterte Hunde können Sie je nach Bedarf im Verlauf eines Spaziergangs das Hütespiel (siehe Seite 32ff.) einbauen.

Beobachten Sie auch, an welchen Orten Ihr Hund einen entspannten Eindruck macht: im Wald, auf dem Feld oder auf Gängen mit vielen Hundekontakten? Achten Sie unbedingt darauf, regelmäßig Spaziergänge in entspannter Atmosphäre von mindestens einer Stunde Länge zu unternehmen. So kann Ihr Hund möglichen Stress bereits in frühen Stadien abbauen, selbst wenn Ihnen an Ihrem Hund gar nichts aufgefallen ist. Bei den Schäferhundtypen müssen Sie zusätzlich berücksichtigen, dass sie sich ursprünglich als „lebende Zäune“ besonders viel bewegen mussten. Daher ist für diese Hunde Laufen am Fahrrad in mäßiger Geschwindigkeit oder die Begleitung beim Joggen sehr sinnvoll.

Denkt Ihr Hund sich ständig etwas Neues aus oder scheint trotz viel Bewegung nicht ausgeglichen? Dann braucht er vermutlich mehr geistige Förderung. Starten Sie entweder unbedingt mit Clickertraining, clickern Sie häufiger oder bringen ihm öfter etwas Neues bei.

Zwei, die zusammengehören.

Etwa einmal pro Woche sollten Sie ein Event für Ihren Hund haben, das ihn auspowert und glücklich macht. Sei es gemeinsames Joggen, ausgefeilte Hütespiele, sonstige Lieblingsspiele, Hundesport oder ausgelassenes Spiel mit dem besten Hundekumpel. Am Ende eines solchen Events sollte Ihr Hund Sie förmlich anstrahlen und zu sagen scheinen: „Das war super, findest du nicht auch?".

Spaßbremse Stress

Ein unterbeschäftigter Hund kann überdreht und unausgeglichen werden. Er hört die Flöhe husten, reagiert auf alles Mögliche und steigert sich übertrieben in irgendwelche Verhaltensweisen hinein. Aber auch ein Zuviel an Beschäftigung kann einen ähnlichen Effekt haben. Mehr Beschäftigung bedeutet nicht immer auch mehr erholsames Schlafen.

Übermäßig viel Programm mit Daueraction kann bei allem Spaß in Stress ausarten. Selbst als Arbeitshund werden Hütehunde nicht täglich stundenlang gebraucht, sondern es gibt durchaus auch mal ruhige Zeiten, in denen die Schafe einfach auf der Koppel bleiben. Hütehunde können also sehr wohl sehr zufrieden damit sein, nicht ständig Extraunternehmungen geboten zu bekommen. Nur dauerhafte Arbeitslosigkeit macht sie verrückt und unzufrieden. Es gilt – wie immer im Leben – das goldene Mittelmaß zu finden, bei dem Sie für Ihren Hund sein individuelles Maß an geistiger und körperlicher Beschäftigung herausfinden.

Finden Sie das Gleichgewicht zwischen Ruhe und Beschäftigung für Ihren Hund.

Hatte Ihr Hund einmal psychischen Stress, kann er über Rennen, Buddeln oder Kauen aktiv Stress abbauen. Vor allem Kauen bringt nicht nur Spaß und das Kauobjekt schmeckt lecker, sondern hilft Stress abzubauen. Finden Sie heraus, was Ihr Hund am liebsten mag. Sind es einfache Knochen oder müssen sie gefüllt sein, getrocknete Ohren oder hart getrocknetes Fleisch?

Streiten Sie sich nicht mit Ihrem Hund um Knochen. Denn Sie bringen ihm nur bei, dass Sie mit ihm um seinen Knochen konkurrieren und Knochen immer Stress bedeuten. Trainieren Sie lieber zunächst gelegentlich mit langweiligen Kauknochen entspannt das „Gib" (siehe Seite 19 f.) und überlassen am Ende Ihrem Hund den Knochen. Im Verlauf vieler Übungen wird Ihr Hund lernen, Ihnen bereitwillig auch attraktive Knochen zu geben und es fällt später nicht mehr ins Gewicht, wenn Sie wirklich mal einen Knochen einsammeln wollen.

Unterwegs mit einem Workaholic

Hütehunde wollen arbeiten

Hütehunde sind Arbeitshunde. Viele von ihnen haben sich zwar bereits ihren Platz als Begleithund gesichert und passen häufig auch gut in diese Rolle hinein. Aber manche Hunde scheinen nicht zu wissen, dass sie vielleicht schon seit Generationen aus einer Linie von Hütehunden stammen, die als Begleithund gezüchtet wurden. So kann es sein, dass gerade Ihr Hund findet, dass er Arbeit braucht. Das heißt aber nicht, dass er bei einem Schäfer glücklicher wäre. Denn vielleicht ist er zwar hoch motiviert, aber für einen echten Einsatz als Hütehund doch nicht wirklich geeignet.

In jedem Falle müssen Sie einen arbeitswütigen Hütehund gekonnt auslasten. Denn ansonsten sucht er sich selber etwas – und das ist meist nicht das, was seinem Besitzer gefällt. Nutzen Sie daher die Spaziergänge mit Ihrem Hütehund, um gemeinsam mit ihm zu arbeiten!

Tipp

Beginnt Ihr Hund sich für Beute zu interessieren, berücksichtigen Sie sein aufkeimendes Hüteverhalten. Starten Sie mit ihm das Training für das Große Hütespiel (siehe Seite 32 ff.).
Im Alltag verschaffen Sie Ihrem Hund sinnvolle Arbeit, indem Sie sein Hüteverhalten in Bahnen lenken (siehe Seite 104 ff.).

Aktives Spazierengehen

Bevor ein Hund auf für uns dumme Gedanken kommt, richtet er sich häufig an seinen Besitzer. Wird das jedoch nicht bemerkt und er bleibt sich selbst überlassen, amüsiert er sich eben allein. Bestärken Sie daher Ihren Hund für jede Rückorientierung zu Ihnen. Loben und/ oder belohnen Sie Ihren Hund, wenn er sich nach Ihnen umsieht oder wenn er von sich aus zu Ihnen kommt. Macht Ihr Hund das oft, steigern Sie die Anforderungen für eine Belohnung.

Guckt Ihr Hund sich viel nach Ihnen um, reagieren Sie manchmal verzögert, sodass Ihr Hund die Zeitspanne an Aufmerksamkeit auf Sie allmählich ausdehnt. Besonders bei der Rückorientierung aus der Entfernung können Sie im Laufe der Zeit sogar wie bei einer Bleib-Übung Ihren Hund darin bestärken, immer länger wartend nach Ihnen zu gucken. Bestärken Sie ihn im Großteil der Fälle aber weiterhin möglichst sofort.

Nutzen Sie die Rückorientierung Ihres Hundes auch, um ihn Signale ausführen zu lassen. Das Heranrufen bietet sich besonders an, wie zum Beispiel das Rückrufspiel (siehe Seite 22 f.). Aber auch Lieblingsübungen, die Ihr Hund bereits auf Entfernung beherrscht, sind eine gute Wahl, wenn sich eine passende Gelegenheit bietet.

Vorsicht!

Vor allem Koppelgebrauchshunde können die Bestätigung fürs Angucken auf Entfernung schnell missverstehen, nach dem Motto „Ach, so geht das! Ich renne vor, fixiere dich und das ist unser lustiges Hütespiel!". So trainiert man Hüteverhalten gegenüber Menschen. Zeigt Ihr Hund Tendenzen zu einem solchen Missverständnis, üben Sie das Angucken zunächst nur an der kurzen Leine. Bietet Ihr Hund auf Spaziergängen das Angucken an, loben Sie ihn einfach ruhig dafür, aber nur dann, wenn er beim Gucken entspannt aufrecht steht und nicht flach angespannt in Hüteposition gegangen ist. Auch Abrufen aus einem solchen Gucken ist eine gute Wahl.

Kommt Ihr Hund ständig zu Ihnen, belohnen Sie ihn dafür nicht unbedingt extra, sondern schenken ihm einfach nur kurz Ihre Aufmerksamkeit. Eine andere Variante ist, dass Sie ihn mit einer Geste oder/und einem Wort voran schicken. Danach beachten Sie ihn nicht weiter, sodass er versteht, dass Voran Weiterlaufen bedeutet und von Ihnen in dem Moment nichts mehr kommt. Findet er sich damit ab, dass von Ihnen gerade nichts mehr kommt und läuft voran, können Sie diesen Moment gelegentlich auch für eine Rückrufübung prima nutzen. Denn Ihr Hund wollte sowieso gerne zu Ihnen kommen und ist noch in Ihrer Nähe. Die Chance für eine gelungene Rückrufübung ist somit hoch!

Einfälle gefragt

Manchmal scheinen Hunde – und besonders Hütehunde – auf eine Anregung Ihrer Besitzer regelrecht zu warten. Sehen Sie sich Ihren Hund an, wozu er gerade Lust haben könnte und was die Umgebung so hergibt.

Balanciermöglichkeiten finden sich überall.

Tipp

Wenn Sie Ihren Hund rufen, um ihm etwas Tolles zu zeigen oder etwas Schönes mit ihm zu machen, gewinnen Ihre Aussagen an Wichtigkeit und Ihr Hund wird Ihnen gerne folgen!

Ist der Lieblingskumpel in Sicht, fordern Sie Ihren Hund zum Mitkommen auf und gehen dem anderen Hund entgegen.

Ist überhaupt nichts los, können Sie vielleicht Objekte finden, die sich zum Umrunden oder sogar für eine Runde „Das Große Hütespiel" eignen. Vielleicht findet sich auch eine Balanciermöglichkeit oder eine Bank für Drüber, Drunter und Drumherum.

Bietet auch die Umgebung nichts Interessantes, sind Übungen eine Möglichkeit, etwas zusammen zu machen. Um beim Üben mit dem Spaziergang vorwärtszukommen, eignen sich Slalom durch die Beine, an der Seite laufen mit oder ohne gelegentliche Drehungen und Seitenwechsel vom Fußlaufen von einer auf die andere Seite. Auch „In Deckung" lässt sich am besten auf einem Spaziergang üben.

Vorsicht Junkie!

Ein Spielzeug-Junkie hat natürlich immer Lust auf sein Spielzeug. Aber gerade für ihn ist es wichtig, seinen Horizont zu erweitern und sich auf andere Dinge zu konzentrieren. Das Lieblingsspielzeug sollte jeder Hund nur nach klaren Regeln bekommen und nicht erfolgreich selber immer wieder einfordern.

Gewohnheitstiere

Menschen und Hunde neigen dazu, Gewohnheiten aufzubauen. So auch auf Spaziergängen. Hütehunde haben ein gutes Gefühl für Örtlichkeiten und den dazugehörigen Tätigkeiten. Daher können Rituale auch auf dem Spaziergang gut angenommen werden, wie an einer bestimmten Ecke immer Sitz zu machen oder immer auf einen bestimmten Baumstumpf zu springen. Es kann sehr praktisch sein, wenn man sich mit der Zeit annähernd darauf verlassen kann, dass der Hund an einer bestimmten Stelle etwas Bestimmtes tun wird.

Aber Rituale geben nicht nur Sicherheit, sondern sie können auch langweilig oder sogar zur lästigen Pflicht werden. Beobachten Sie Ihren Hund, welche Gewichtung an Ritualen und Kreativität auf ihn passt. Springt er immer begeistert auf den besagten Baumstumpf und Sie brauchen gar nichts mehr zu sagen, ist es ein geeignetes Ritual. Nimmt Ihr Hund die Übung nur zäh wie Kaugummi an, kann er auf den Programmpunkt offensichtlich gut verzichten.

Tipp

Ist Ihr Hund besonders wild auf Spiele mit Spielzeug, starten Sie diese nach einem bestimmten Ritual. Das Spielzeug gibt es beispielsweise immer auf einer bestimmten Wiese oder immer nur zu Beginn des Spaziergangs und nach Schluss auf keinen Fall mehr. So kann sich Ihr Hund darauf verlassen und fragt nicht immer wieder nach seinem Spielzeug.

Hütehunde wollen hüten

Wie viel Hüteverhalten in Ihrem Hund steckt, werden Sie zweifellos merken. Denn je stärker die Begeisterung für das Hüten bei Ihrem Hund ausgeprägt ist, auf desto mehr Reize wird er auf einem Spaziergang reagieren. Die Liste an Möglichkeiten ist schier endlos: Wild, Vögel auf Feldern, Enten im Park, Tiere auf der Weide, Schmetterlinge, Straßenbahnen, Autos, Motorräder, Fahrräder, Inline-Skater, Jogger – aber auch weniger Offensichtliches wie Windräder, Heißluftballons, Blätter, Schneeflocken und vieles andere kann Hüteverhalten auslösen. Aber da die Entwicklung des Hüteverhaltens auch von Erfahrungen abhängig ist, können Sie Ihren Hund durchaus beeinflussen.

Fixieren und Anschleichen wirken immer beeindruckend.

Beuteschema

Im Beuteschema eines Hundes findet sich alles, was eben dieser Hund als Beute betrachtet. Bei fast allen Hunden gehört Wild dazu. Die Reaktion auf Beute ist aber natürlich sehr verschieden. Wie stark sich das Jagdverhalten entwickelt und worauf es sich richtet, ist zum großen Teil von Erfahrungen im ersten Lebensjahr abhängig.

Bei Border Collies gibt es allerdings sogar Hinweise darauf, dass sie Schafe trotz anderer früher Erfahrungen gegenüber anderer Beute bevorzugen. Aber ob das eine erbliche Komponente in Bezug auf das Beuteschema Schafe ist, kann man nicht sagen. Denn es ist durchaus möglich, dass das Beuteverhalten der Border Collies an Schafen besonders gut funktioniert und somit die Bevorzugung entsteht.

> **Tipp**
>
> Spielzeuge sind eine wichtige Ersatzbeute für Hunde.

Beute oder Sozialpartner?

Hunde können nicht nur auf Hunde, sondern auch auf andere Arten sozialisiert werden. Dazu gehört natürlich der Mensch und häufig auch Katzen. Grundsätzlich gilt eigentlich die Regel, dass ein Lebewesen, auf welches ein

Hund sozialisiert ist, nicht als Beute betrachtet wird. Sozialisation bedeutet aber nicht, dass der Hund wenige Male eine Tierart gesehen haben muss, sondern dass er mit dieser Art zusammen aufgewachsen ist. Gemeinsames Spielen ist besonders ideal.

Tiere im Käfig oder auf der Weide, zu denen kein enger Kontakt besteht, werden eher als mögliche Beute abgespeichert. Daher können sie bei einem Hund durch unkontrollierte Begegnungen mit möglicher Beute schnell den Grundstein für aufkeimendes Beuteverhalten legen. Das ist bereits bei einem Welpen möglich, selbst wenn sein Beuteverhalten noch nicht wirklich entwickelt ist. Interesse auf bewegliche Reize ist schon bei einem Hütehundwelpen vorhanden, was beim Spielen mit Spielzeug zu erkennen ist. Und auf Annäherungen eines Welpen können Kaninchen und andere mögliche Beutetiere erschrocken reagieren und Reißaus nehmen. Auch wenn das Ganze noch niedlich und spielerisch aussehen sollte, der Grundstein für die Aufnahme dieser Tierart in das persönliche Beuteschema ist gelegt.

Nicht zuletzt wissen Sie im Vorfeld außerdem nicht, in welchem Alter Ihr Hund „ernsthafte" Hüteabsichten zeigen wird. Im Extremfall kann dies bereits mit wenigen Wochen der Fall sein.

Früh übt sich

Junge Hütehunde platzen häufig vor lauter Motivation für verschiedenste Reize. Einen kleinen Hütehund groß zu ziehen, ist daher unglaublich lustig oder anstrengend, je nachdem wie man es betrachtet. Ständig entdeckt er etwas Neues, guckt diesem hinterher ... War da ein Ansatz von Fixieren? Er rennt mit Begeisterung allem Möglichen und Unmöglichen hinter her. Er weiß genau, dass er für eine bestimmte Aufgabe gedacht ist. Soll er später mal dies hüten oder jenes? Was ist das Ziel? Und als Besitzer ist man permanent beschäftigt, muss ständig aufmerksam alles mitbekommen, um dem kleinen Hund eine Richtung zu geben und seine Ambitionen in Bahnen zu lenken. Richten Sie aber in jedem Fall Ihr Hauptaugenmerk darauf, Ihren Hund in erwünschten Verhaltensweisen zu fördern und zu bestärken. Nur wenn er beginnt, zielgerichtetes Hüteverhalten auf etwas Bestimmtes zu zeigen, ist Extra-Training angesagt (siehe Seite 104 ff.).

Was ein Hund später einmal am liebsten hüten wird, ist zum großen Teil davon abhängig, was er zuerst als besonders befriedigend zu hüten oder het-

Das Leben steckt voller Überraschungen.

zen empfunden hat. Überlässt man die Entwicklung des Beuteschemas dem Zufall, kann beim erwachsenen Hund eine ansehnliche Anzahl verschiedener Beuteobjekte mit großer Überzeugung gehütet oder gehetzt werden.

In der Pubertät erfährt das Hüteverhalten einen ordentlichen Entwicklungsschub. Hunde, die sich vorher überhaupt noch nicht für das Hüten interessiert haben, können plötzlich wie verrückt beginnen zu jagen. Nehmen Sie Ihren Hund in dieser Phase lieber häufiger frühzeitig an die Leine und lenken ihn in der Nähe von jagdlichen Verleitungen ab – bevor er Ihnen entgleitet wie ein Stück Seife. Trainieren Sie mit einem pubertierenden Hund nur nach Tagesform. Den einen Tag läuft alles super, am nächsten haben Sie den Eindruck, Ihr Hund hat Hörstörungen. Seien Sie geduldig, gehen vorausschauend spazieren und erarbeiten sie so viel, wie Ihr Hund mit Freude bewältigen kann. Dann können Sie ihm nach der Sturm-und-Drang-Phase viel mehr Freiheit geben.

Wichtig!

Achten Sie darauf, dass Ihr Hund nicht einmal unkontrolliert auf Wild starrt. Und lenken Sie ebenfalls aufkommendes Jagdinteresse an völlig ungeeigneter Beute, wie beispielsweise Motorrädern, frühzeitig um.

Es geht also besonders etwa im ersten bis in den ersten 1½ Lebensjahren eines Hundes darum, sorgfältig alles im Auge zu behalten, was als mögliche Beute in Betracht kommen würde. Die Aufzucht in puncto Hüteverhalten besteht aus Vermeidung, Ablenkung und gezieltem Training soweit nötig. Dazu kommt die Festigung eines Spielzeuges als Ersatzbeute und die jagdliche Auslastung im Großen Hütespiel.

Reife

Mit etwa drei Jahren haben sich die Arbeitsweise und damit auch das in Bahnen gelenkte Hüteverhalten (siehe Seite 104 f.) eines Hundes in der Regel soweit gefestigt, dass deutliche Änderungen nicht mehr stattfinden. Allerdings kann vor allem das Hetzen praktisch in jedem Alter durch passende Gelegenheiten ausgelöst werden. Diese wären beispielsweise, mit dem Hund unkontrolliert an Schafherden oder Wildgattern vorbeizugehen oder Spaziergänge ohne Leine in extrem wildreichen Gegenden.

Hüteverhalten erkennen

Ob Ihr Hund auf einem Spaziergang etwas Reizvolles zum Hüten, also Jagen, ausgemacht hat, erkennen Sie am besten an Ihrem Hund. Dabei muss Ihr Hund nicht zwangsläufig aufgeregt sein. Hüten kann ein Hund auch sehr ruhig und konzentriert, ohne dass es auf den ersten Blick besonders auffällt. Die Übergänge zwischen Gucken, interessiert Gucken, Orten und Fixieren einer Beute sind leider fließend und können zu jedem Zeitpunkt nahtlos ins Hetzen übergehen.

Wichtig!

Jegliches Jagdverhalten wirkt selbstbelohnend und verstärkt sich somit von alleine, auch ohne sichtlichen Jagderfolg.

Beim Fixieren und Anpirschen werden in der Regel die aufgestellten Ohren etwas seitlicher getragen, der gesamte Hund wird etwas flacher und der Hals weiter nach vorne gestreckt. Der Schwanz hängt häufig regelrecht vergessen nach unten. Das Fixieren kann aber auch fließend aus dem Orten in aufrechter Körperhaltung stattfinden und direkt in Hetzen übergehen.

Da ist doch irgendwo etwas Jagdbares …

Selbstverständlich verraten auch Geräusche oder Gerüche einem Hund, wo sich etwas Interessantes befindet. Wittern Hunde in der Luft, haben sie oft einen etwas verträumten Ausdruck, beim Suchen auf der Erde können sie so selbstvergessen sein, dass sie fast nichts anderes mehr mitbekommen.

Tipp

Behalten Sie auf einem Spaziergang Ihren Hund unauffällig und entspannt im Auge. Denn wenn Sie angespannt sind, stecken Sie Ihren Hund mit Ihrer Spannung an. Ein angestrengtes Absuchen der Umgebung kann Ihr Hund sogar als Suchen nach einer Beute verstehen und sich Ihrem vermeintlichen Jagdeifer anschließen – bloß wird Ihr Hund meist schneller etwas finden als Sie …

Nicht nur frei laufend, sondern auch an der Leine kann ein Hund Hetzverhalten zeigen und somit verfestigen. Er hängt – unter Umständen auch noch jiffend oder bellend – in der Leine, weil er regelrecht auf der Stelle läuft, oder steht im Bestreben, besser sehen zu können, aufrecht in der Leine. Es gibt sogar Hunde, die sich ansehnliche Strecken lang auf zwei Beinen hopsend fortbewegen. Ist ein Hund derart aufgeregt, ist er meist nicht mehr ansprechbar. Einen solchen Hund kann man nur noch möglichst zügig aus der Gefahrenzone bringen, damit er sich wieder beruhigen kann.

Weiterhin gibt es Vertreter, die sich anlauernd hinlegen, wenn Sie beispielsweise einen Jogger sehen und, sowie er vorbei ist, hinterherschießen. Bei diesem Typus Hund lässt sich unglaublich leicht ein Platz-Signal trainieren. Denn für solche Hunde entspricht ein Platz unter Spannung einer Sequenz des Beuteverhaltens und wirkt damit selbstbelohnend. So fördert das vermeintlich artige Platz das Beuteverhalten. Die Wahrscheinlichkeit, dass der Hund irgendwann aus diesem Platz hinter dem Reiz herschießt, steigt erneut an.

Tipp

Seien Sie vorsichtig beim Trainieren von einem Platz-Signal auf Entfernung – vor allem bei jungen Hunden. Sehen Sie sich Ihren Hund genau an, ob er aufrecht und aufmerksam mitarbeitet oder im Platz flach und angespannt ist und beginnt, seinen Blick fixierend in Ihre Richtung zu lenken. Sollte das der Fall sein, trainieren Sie lieber zunächst Sitz auf Entfernung und heben sich das Platz auf Entfernung für später auf.

Planung für den Spaziergang

Versuchungen sollten Sie so lange vermeiden, bis Ihr Hund einen ausreichenden Trainingsstand erreicht hat. Und auch dann sollten Sie nicht zu sehr mit dem Feuer spielen, denn Gelegenheit macht in diesem Falle Jäger.

Wählen Sie für große Spaziergänge in Wald und Feld am besten Zeiten zwischen 10:00 und 17:00 Uhr und außerhalb der Dämmerung. Denn dann ist das Wild am wenigsten aktiv und es hängen nicht vom Reif verstärkt frische Spuren in der Luft.

Meiden Sie, soweit es möglich ist, Verleitungen wie Kaninchenwiesen, eine in der Nähe weidende Schafherde oder besonders wildreiche Gebiete. Entscheiden Sie sich weitgehend für stark begangene Wege. Je beschaulicher und abgeschiedener die Wege, desto größer ist die Wahrscheinlichkeit, auf Wild zu stoßen.

Wichtig!

Nähern Sie sich einer Stelle mit jagdlichen Verleitungen oder zeigt Ihr Hund jagdliches Interesse, nehmen Sie ihn frühzeitig an die Leine und lenken ihn ab. Fesseln Sie seine Aufmerksamkeit über Leckerchen, ein Spielzeug oder gut funktionierende Übungen, die Sie großzügig belohnen. Achten Sie in jedem Fall darauf, dass der Blick Ihres Hundes von dem Objekt der Begierde abgewendet wird. Ansonsten besteht die Gefahr, dass er doch ganz nebenbei fixiert und Sie ihn unabsichtlich mit der gedachten Ablenkung für das Fixieren belohnen.

Lassen Sie Ihren Hund nicht frei mit einem Hund zusammen laufen, der bekanntermaßen jagen geht. Und selbst an der Leine können jagdbegeisterte Hunde andere Hunde regelrecht mit ihrem Jagdeifer anstecken und so den Grundstein für ein Jagdproblem legen.

Natürlich ist ein angeleinter Hund eine geringere Verleitung als ein frei jagender, aber die Stimmungsübertragung unter Hunden darf man nicht unterschätzen. Vor allem, wenn Ihr Hund eine Bindung zu dem jagenden Hund hat, ist die Gefahr noch größer, dass er sich genau das abguckt, was Sie eigentlich verhindern möchten.

Wenn Sie gerne mit anderen zusammen spazieren gehen, vergessen Sie darüber nicht das Training mit Ihrem Hund. Hunde merken sehr schnell, wenn sie bei ihren Besitzern abgemeldet sind, weil diese telefonieren oder sich unterhalten. Wenn Ihr Hund in solchen Situationen dann nicht mehr gehorcht, ist das keine Aufmüpfigkeit, sondern schlicht die frustrierende Erfahrung, dass Sie in solchen Situationen sowieso kein Auge für ihn haben.

Dieser Hund kann jeden Moment durchstarten.

Spaziergänge mit mehreren frei laufenden Hunden bergen natürlich auch immer eine größere Chance zum Jagen. Wenn irgendwo ein Hase hochspringt und nur einer der Hunde durchstartet, um den Hasen zu verfolgen, rennen alle anderen Hunde regelrecht im Gruppenzwang mit und stecken sich mit der jagdlichen Erregung gegenseitig an. Und einen Hund aus einer jagenden Meute abzurufen, ist wahrlich ein Meisterstück, ist es doch schon für viele schwer genug, überhaupt einen jagenden Hund abrufen zu können. Alleine hätte ein unerfahrener Hund vielleicht sogar nur verblüfft hinter dem Hasen hergeguckt und wäre durchaus noch erfolgreich ansprechbar gewesen. Spielen Sie also nicht zu viel mit dem Feuer und wägen sorgfältig zwischen Ihrem eigenen sozialen Ambiente und dem Trainingsziel Ihres Hundes ab. Und je höher der Trainingsstand Ihres Hundes geworden ist, desto mehr riskante Situationen wird er in Ihrem Sinne bewältigen können.

Jagdgefahr

Abgesehen von der individuellen Hüteveranlagung und den Versuchungen des Alltags gibt es Momente, in denen eine besondere Gefahr besteht, dass ein Hund jagen geht:

- So gibt es viele Hunde, die Stress durch Jagen abreagieren. Das bedeutet zwar nicht, dass ein entspannter Hund nicht jagen geht, denn Jagen bringt einfach auch Spaß, aber Stress kann die Jagdambitionen eines Hundes deutlich verstärken.
- Hatte ein Hund gerade ein jagdliches Erlebnis oder befindet sich in jagdlicher Erregung, ist er besonders gefährdet, die nächstbeste Chance zum Jagen zu nutzen.
- Hunde können sich außerdem über lange Zeiträume merken, wo sie einmal auf Beute gestoßen sind. Wundern Sie sich daher nicht, wenn Ihr Hund an derselben Stelle immer wieder aufgeregt schnuppert oder durchstartet, selbst wenn an dem Tag dort gar nichts ist.

Anliegen von Schäfern

Halten Sie Ihren Hund von Schafherden fern. Denn auch wenn Ihr Hund nur kurz hinrennt, kann es bei den Schafen durch den Stress zu Panikreaktionen oder sogar zum Verlammen kommen.

Hüteverhalten in Bahnen lenken

Zeigt Ihr Hund Ansätze von Hüteverhalten, nutzen Sie die Beutebegeisterung Ihres Hundes zur Zusammenarbeit und schaffen damit Spannungsmomente auf jedem Spaziergang! Denn Hütehunde nehmen es sehr gut an, mit ihrem Menschen zusammen einer Arbeit nachzugehen. So verbinden Sie die Zusammenarbeit mit Ihrem Hund mit dem Nützlichen, nämlich der Lenkung seines Beuteverhaltens. Und Ihr Hund bekommt das Gefühl, mit Ihnen zusammen Spannendes erarbeiten zu können.

Tipp

Sind Hütehunde schnell von Übungen gelangweilt, wenn sie sie einmal verstanden haben, wird ihnen eines jedoch nie langweilig: Alles, was mit Beutereizen zu tun hat.

Einstieg ins Training

Beginnen Sie mit der Anguck-Übung (siehe Seite 70). Für den Aufbau der Übung ist die Verwendung des Clickers besonders effektiv. Hat Ihr Hund später das Arbeitsprinzip verinnerlicht, können Sie sehr gut mit einem Wort trainieren, das wie ein Clicker grundkonditioniert wurde (siehe Seite 68).

CLICKEN = Click & Belohnung

Wichtig!

Ein Clicker, ein konditioniertes Wort oder ein Pfiff ersetzt niemals die Belohnung, sondern ist die Ankündigung, dass es eine Belohnung geben wird.

Funktioniert die Anguck-Übung drinnen gut, beginnt ein weiterer Trainingsschritt draußen an einer etwa zwei Meter langen Leine. Wählen Sie dafür zunächst einen Ort, an dem Ihr Hund eher gelangweilt und keinen besonderen Ablenkungen ausgesetzt ist. Nehmen Sie ihn an die Leine, sagen ihm, dass Sie jetzt trainieren möchten und clicken, sobald Ihr Hund in Ihre Richtung guckt. Danach gibt's ein Leckerchen. Gehen Sie dann ein bis drei Schritte, bleiben stehen und warten, bis Ihr Hund Sie wieder ansieht. So geht es mit Gehen – Stehen – Gucken – Belohnen immer weiter. Beenden Sie die Übung, wenn es gerade besonders gut klappt und schließen mit etwas Schönem ab.

Tipp

Diese Übung ist bereits für Welpen sehr gut geeignet. Berücksichtigen Sie lediglich die noch sehr kurze Konzentrationsfähigkeit von jungen Hunden. Eine Minute ist häufig schon genug. Wiederholen Sie das Üben über den Tag verteilt.

Die Übung können Sie so oft wiederholen, wie es Ihrem Hund Spaß macht und nicht langweilig wird. Machen Sie im Zweifelsfalle aber lieber weniger. Ihr Hund muss in jedem Falle Freude an den Übungen behalten.

Führen Sie diese Übung im Verlauf vieler Trainingseinheiten an verschiedenen Orten durch und erhöhen Sie Ablenkungen immer nur langsam, damit Ihr Hund weiterhin begeistert mitmacht.

Tipp

Bietet Ihr Hund außerhalb der klar strukturierten Übungen das Angucken an, verstärken Sie es immer mit einem Lob und/oder einer Belohnung.

Gut abgelenkt ist halb gewonnen. Durch die Nähe zu den Kaninchen ist es hier besonders schwer.

Arbeit an Beute

Zuerst müssen Sie sehr gut planen, wo und woran Sie mit den Übungen starten können. Sie sollten die Übung nur dann machen, wenn Ihr Hund bereits Interesse an einer Beuteart gezeigt hat. Bei den meisten Hunden sind das Vögel oder Kaninchen, an denen sich erste Übungen gut umsetzen lassen. Sie brauchen also einen Ort, von dem Sie genau wissen, dass dort Kaninchen wohnen, oder an dem Sie Vögel, am einfachsten Enten, antreffen können. Zusätzlich müssen Sie zur Beute ausreichend Abstand halten können. Stehen Sie mit Ihrem Hund so weit entfernt, dass er die „Beute" wohl riechen oder erkennen kann, aber nicht schon so aufgeregt ist, dass die Übung nur schwer klappen würde.

Wichtig!

Beginnen Sie mit diesem Training nur, wenn Ihr Hund beginnt, sich für Wild zu interessieren! Ansonsten könnten Sie Ihren Hund mit einigem Pech überhaupt erst auf die Idee bringen, sich für die gewählte Beute zu interessieren.

Kaninchen bemerken bedeutet Angucken des Besitzers. Das ist hier das Trainingsziel.

Beachten Sie bei der Wahl des Trainingsortes, dass Ihr Hund auch außerhalb der Übungen Ambitionen zeigen kann, von alleine dorthin zu laufen. Wählen Sie also für das Training auf keinen Fall die Kaninchenkolonie auf der Verkehrsinsel gegenüber Ihrer Wohnung. Es wäre fatal, wenn Ihr Hund versuchen würde, über die Straße dorthin auszubüxen.

Haben Sie einen passenden Ort gefunden, beginnen Sie dort die Anguck-Übung (siehe Seiten 70, 71). Lassen Sie die Leine etwa zwei Meter lang und halten Sie sie locker. Klappt die Übung in sicherer Entfernung gut, rücken Sie während der Anguck-Übung allmählich dichter an die Verleitung heran.

Suchen Sie sich dafür am besten eine Linie, die Sie im Training quer verlaufend zum wildbesetzten Gebiet abgehen. Verlagern Sie diese Linie im Zick-Zack-Kurs immer dichter an die Verleitungen heran.

Achten Sie darauf, dass Sie immer so stehen, dass Ihr Hund vom Wild weggucken muss, um Sie anzusehen.

Ihr Hund braucht Sie nicht direkt anzusehen, sondern soll lediglich vom Wild weggucken.

Beobachten Sie Ihren Hund beim Training genau. Zeigt er ein Orten, Luftwittern oder irgendeine jagdliche Erregung? Guckt er Sie in diesem Zusammenhang an, ist das Belohnen besonders wichtig. Denn darum geht es: Die jagdliche Erregung mit dem Angucken zu koppeln. So lernt Ihr Hund, sich bei aufkommender Hütestimmung selbstständig Ihnen zuzuwenden.

Tipp

Der Vorteil des Trainings besteht ganz klar darin, dass der Hund selbstständig das gewünschte Verhalten zu zeigen lernt, wenn er Beute wahrnimmt. So muss nicht der Besitzer früh genug ein Signal geben, um den Hund vom Jagen abzuhalten.

Wird Ihnen und Ihrem Hund die Kopplung geläufiger, beginnen Sie, in der Übung nur noch das Angucken zu belohnen, das Ihr Hund in Verbindung mit der Richtung der Beute anbietet: Ihr Hund muss also für eine Belohnung wenigstens einmal in die Richtung der Beute geguckt haben. Es soll sich folgende Kette bilden: Wild bemerken – Besitzer angucken – Belohnung. Für artiges Dauergegucke, ohne woanders hinzusehen, können Sie Ihren Hund gelegentlich mit freundlichen Worten bedenken, aber mehr nicht.

Auch scheinbar angetäuschtes Interesse am Wild mit dem anschließenden Angucken ist in jedem Fall eine Belohnung wert. Denn es ist ja noch besser, wenn die Übung für Ihren Hund wichtiger wird als die Beute selbst.

Beginnt Ihr Hund in einer Übung zu fixieren, ist Vorsicht angebracht. Es gibt zwar Hütehunde, bei denen die Kopplung Wild orten – fixieren – Besitzer angucken sehr gut funktioniert, aber es gibt noch mehr Hunde, die sich durch das Fixieren allein bereits bestärkt darin fühlen, als nächstes ins Hetzen überzugehen. Achten Sie daher beim Üben darauf, dass Sie sich mit Ihrem Hund immer so weit entfernt von der Beute aufhalten, dass er gar nicht erst ins Fixieren verfällt.

Tipp

Da beutebegeisterte Hunde gerne mal in die Leine springen oder an ihr ziehen und der Besitzer gegenhält oder sanft zieht, ist es besonders wichtig, dass der Hund eine bequeme Halsband- oder Brustgeschirr-Leinen-Kombination trägt, die ihn nicht einschnürt oder einzwängt, er sich aber auch nicht herausziehen kann.

Kommt es dazu, dass Ihr Hund einmal trotz beginnendem Jagdinteresse nicht sofort zu Ihnen guckt, gehen Sie vorsichtig rückwärts von Ihrem Hund von der Beute weg. Allein durch die Bewegung des Besitzers sehen sich viele Hunde nach ihren Besitzern um. Das ist natürlich der Moment für den Click, den Sie auf keinen Fall verpassen dürfen.

Hat Ihr Hund immer noch nicht geguckt, ist irgendwann beim Rückwärtsgehen das Ende der Leine erreicht. Üben Sie aber nur sanften Druck über die Leine auf Ihren Hund aus. Sobald er guckt, clicken Sie. Wahlweise können Sie Ihren Hund auch ansprechen, wenn er nicht von alleine zu Ihnen guckt, um dann sofort zu clicken. Aber Ansprechen und sanftes Ziehen an der Leine sind nur Notfallmaßnahmen und nicht das Trainingsprinzip.

Haben Sie sich verschätzt und sind zu dicht an die Beute gegangen oder haben zu lange trainiert, sodass Ihr Hund die Übung nicht mehr bewältigt, führen Sie ihn an der Leine sanft, aber stetig aus dem verlockenden Bereich heraus. Ihr Hund muss sich nun erst einmal entspannen.

Wichtig!

Gestalten Sie das Training so, dass die Übungen immer möglichst gut gelingen und hören Sie auf, wenn es gerade am besten funktioniert.

Im Verlauf des Trainings arbeiten Sie sich zunächst an der etwa zwei Meter langen Leine immer dichter an die Beute heran. Klappt das gut, starten Sie mit den Übungen erneut in größerer Entfernung an einer längeren Leine und arbeiten sich mit dieser größeren Bewegungsfreiheit an die Beute heran. Bei einer noch längeren Leine beginnt die ganze Übung wieder von vorne. Auf diese Weise können Sie die gewünschte Kopplung Wild – Besitzer angucken – Belohnen mit einem immer größeren Abstand Ihres Hundes trainieren. Je mehr Ihr Hund zum Profi in dieser Übung wird, desto schneller werden die Durchgänge klappen.

Besonders effektiv ist das Training, wenn Sie es an weiteren Orten wiederholen können – sofern es an einem Ort bereits gut funktioniert.

Das i-Tüpfelchen ist natürlich die Arbeit ohne Leine. Das dürfen Sie jedoch nur wagen, wenn Ihr Hund an der Leine an einem bestimmten Ort immer das gewünschte Verhalten zeigt. Starten Sie ohne Leine in besonders großem Abstand und beenden Sie das Training frühzeitig. Ein misslungenes Training

Mit einem Training auf der sicheren Seite kommt man schneller zum Ziel als mit viel Risikobereitschaft. In diesem Fall ist es Ablenkung.

kann zu diesem Trainingsstand die gesamte Arbeit zunichte machen.

Beutespannung auf dem Spaziergang

Im Verlauf der gestellten Trainings wird Ihr Hund Sie auch auf dem Spaziergang immer wieder angucken, was Sie natürlich immer loben und/oder belohnen sollten. Geschieht das im Zusammenhang mit einem Rascheln im Gebüsch, einem aufflatternden Vogel oder sogar einem über den Weg hoppelnden Kaninchen, sind natürlich Standing Ovations angezeigt. Loben und belohnen Sie Ihren Hund in solchen Momenten unbedingt großzügig!

Achten Sie darauf, ob Ihr Hund Sie bei jagdlicher Erregung, nach einem Orten, Luftwittern oder Suchen auf der Erde anguckt – denn diese Momente sind das Trainingsziel für den Alltag. Ihr Hund koppelt dabei seine jagdliche Erregung oder bestimmte Jagdsequenzen mit der Rückorientierung zu Ihnen. Diese unspektakulär erscheinende Verbindung ist der Schlüssel zum Erfolg!

Jagderregung = Rückorientierung zum Besitzer

Je besser Sie Ihren Hund einschätzen können, desto erfolgreicher werden Sie beim Training sein. Achten Sie auf Ihren Hund, an ihm werden Sie erkennen, ob er etwas jagdlich Interessantes bemerkt hat. So können Sie die richtigen Momente zum Belohnen am besten erwischen.

Ist Ihr Hund einmal unentschlossen, wenn er Beute wahrnimmt, bleibt stehen, sieht Sie aber nicht an, können Sie durch Rückwärtsgehen oder sogar Weglaufen letzte Zweifel bei Ihrem Hund ausschalten, wofür er sich entscheiden soll. Auch Ansprechen können Sie in solchen Zweifelsfällen als Entscheidungshilfe für Ihren Hund einsetzen. Das Rückrufsignal Ihres Hundes sollten Sie in solchen Momenten nicht verwenden oder nur dann, wenn Sie sich sicher sind, dass es auch funktioniert. Denn entscheidet sich Ihr Hund dafür, doch durchzustarten, können Sie sich ein sorgfältig aufgebautes Rückrufsignal zunichte machen.

Wichtig!

Auf keinen Fall dürfen Sie den Clicker als Lockmittel verwenden. Sie belohnen Ihren Hund für das Verhalten, das er in dem Moment des Clicks gezeigt hat!

Haben Sie irgendwann den Eindruck, dass Ihr Hund Sie manchmal hereinlegt und so tut, als ob er eine Beute wahrgenommen hätte, freuen Sie sich. Denn das ist absolut erwünscht. Es ist nämlich wesentlich besser, wenn der Hund mit „eingebildeter“ Beute beschäftigt ist, als dass er sich wirklich Mühe gibt, eine zu finden! Außerdem können Sie sowieso nicht beurteilen, ob der Hund wirklich etwas gefunden hatte und so können Sie Ihren Hund getrost belohnen, wenn er mit seinem Verhalten versichert, dass er Sie anguckt, weil er nicht jagen gegangen ist. Denn Jagen ist er dann ja wirklich nicht gegangen und das ist das gewünschte Endresultat.

Auf Dauer wird Ihr Hund immer dass Angucken anbieten, wenn er in Beutestimmung ist. Wenn er nicht in Stimmung ist, wird er entspannt spazieren gehen und das Angucken viel weniger anbieten. Hat Ihr Hund einen solchen Profi-Status erreicht, brauchen Sie ihn nicht mehr für jegliche Rückorientierung bei jagdlicher Erregung zu belohnen, sondern Sie können ihn bei geringer Ablenkung auch öfters einfach wieder voranschicken. Aber seien Sie vorsichtig und lassen Sie das aufgebaute Training nicht zu sehr schleifen. In Bahnen gelenktes Hüteverhalten müssen Sie immer wieder belohnen, sonst verselbstständigt es sich irgendwann.

Beuteverhalten ist genetisch festgelegt und lässt sich nicht durch Erziehung löschen. Es lässt sich aber sehr wohl in für unsere Gesellschaft passende Bahnen lenken und kontrollieren.

Die Verwendung des Clickers können Sie so in die Alltagsspaziergänge einfließen lassen, wie Ihr Hund es gut annimmt. Das wird anfangs in geringer Entfernung zu Ihnen der Fall sein. Achten Sie darauf, dass Ihr Hund die bekannte begeisterte Reaktion auf den Clicker zeigt. Ansonsten wird das Interesse Ihres Hundes am Clicken mit der Zeit abnehmen. Tasten Sie sich also vorsichtig an die Verwendung des Clickers bei der Bestärkung des Anguckens auf größere Entfernung heran.

Selbstverständliche Verständigung entsteht durch gemeinsames Arbeiten und Erleben.

Besonders praktisch für Übungen an Beute auf Spaziergängen sind die Situationen, in denen Sie Ihren Hund frühzeitig an die Leine nehmen müssen, weil Sie zwingend mit ihm an einer Verleitung vorbeimüssen. Ist das oben beschriebene Training bei Ihrem Hund weit genug gefestigt, können Sie die Übung nutzen, um mit Ihrem Hund an der Verleitung in zunächst möglichst großem Abstand vorbeizukommen.

Durch das Training mit Ihrem Hund auf dem Spaziergang wird sich ein Arbeitsmodus zwischen Ihnen und Ihrem Hund entwickeln. Ihr Hund wird dabei das Gefühl bekommen, mit Ihnen zusammen Beutespannung zu erleben. Dies steht im angenehmen Gegensatz zum üblichen Spaßverderber Mensch, der mit ständigen Verboten seinen Hund kontrollieren will.

Hilfe, mein Hund jagt!

Ist Ihr Hund bereits auf den Geschmack gekommen und geht jagen, ist das oben beschriebene Training ebenfalls geeignet. Sie müssen allerdings besonders sorgfältig trainieren und besonders vorausschauend mit Ihrem Hund an der Leine gehen. Mit der Zeit werden Sie Ihren Hund an immer mehr Orten laufen lassen können.

Zusätzlich ist das Training eines gut funktionierenden Rückrufs, eines Stopp-Signals und eines Abbruchsignals sicherlich sinnvoll.

Besonders wichtig ist natürlich die Auslastung des Hundes. Er braucht unbedingt Möglichkeiten zum Freilauf und Beschäftigung mit Spielzeug als Ersatzbeute. Denn irgendwo muss er mit seiner Energie und seiner Jagd- bzw. Hütebegeisterung hin und sich richtig austoben können.

Jogger und Co.

Spielerisches oder ernsteres Hüteverhalten kann sich natürlich auch gegenüber sich bewegenden Menschen zeigen. Die wichtigste Voraussetzung, dass ein Hund Menschen nicht als Beute betrachtet, ist eine sorgfältige Sozialisation. In der Sozialisationsphase, die etwa bis zur 12., maximal bis zur 16. Lebenswoche reicht, muss ein Hund verschiedene Menschentypen kennenlernen, vor allem auch Kinder verschiedener Altersstufen. Auch in der weiteren Entwicklung sind viele positive Menschenkontakte weiterhin wichtig.

Allerdings können bei Hütehunden schnelle Bewegungen trotz einer sehr guten Sozialisation Beuteverhaltensweisen oder zumindest Ansätze dazu auslösen. Lassen Sie Ihren Welpen oder Junghund gerne in belebten Gegenden Menschen ansehen. Guckt er sich Jogger und andere sich bewegende Menschen nur an, ist alles in Ordnung. Wird Ihr Hund aber angespannt, guckt intensiver und beginnt zu fixieren, besteht Trainingsbedarf.

Trainieren Sie mit Ihrem Hund wie im Abschnitt „Training an Beute“ beschrieben. Achten Sie darauf, dass Sie Ihren Hund besonders sorgfältig an die Übung heranführen. Sie müssen so trainieren, dass Ihr Hund bereits beim Erblicken des Joggers den Blick zu Ihnen

Jogger sind für junge Hütehunde meistens eine Versuchung. Vorausschauendes Spazierengehen wird sich auszahlen.

wendet. Er darf hier auf keinen Fall bis zum Fixieren kommen.

Autofahren

Aus dem Autofenster sehen Hunde eine Flut an schnell Beweglichem, auch dies kann das Hüteverhalten ansprechen. Besonders Koppelgebrauchshunde sind gefährdet, aus dem Auto heraus alles Mögliche hüten zu wollen. Sie setzen sich sogar gerne so hin, dass sie aus dem Heckfenster gucken können. So kann der Hund seiner Meinung nach auch die Autos kontrollieren. Er hat das folgende Auto genau im Blick, es kommt näher, er wird es stoppen, er muss es nur noch mehr fixieren, noch intensiver, ganz intensiv und – geschafft, das Auto hält Abstand! Eine eindeutig hundliche Fehlinterpretation.

Hat ein Hund diesen Arbeitsbereich entdeckt, schwebt er in großer Gefahr, das Hobby auch außerhalb des Autos auszuüben. Das trifft auch auf einige Australian Cattle Dogs zu und ist natürlich bei jedem Hüte- oder Treibhund möglich. Nur ist das Autojagen für alle Beteiligten brandgefährlich. Verhindern Sie daher vor allem im ersten Jahr Ihres Hundes im Auto die freie Sicht nach draußen. Es gibt auch Hunde, bei denen man diesen Punkt immer im Blick haben muss.

Legt sich Ihr Hund während der Fahrt sowieso hin oder ist an seinem Verhalten eindeutig zu erkennen, dass er nur gelangweilt aus dem Fenster sieht, brauchen Sie natürlich nur den sicheren Transport zu beachten.

Hundebegegnungen

Kommt einem als Hütehundbesitzer auf einem Spaziergang ein anderer Hund entgegen, zeigt sich häufig ein bestimmtes Phänomen. In der Aufregung der bevorstehenden Begegnung fangen viele Hütehunde nämlich an, zu fixieren und pirschen sich an den anderen Hund heran, oder aber sie legen sich hin und lassen sich nicht mehr dazu bewegen, weiterzugehen. Sie verharren lauernd, bis der andere Hund da ist und springen dann plötzlich auf.

Dem entgegenkommenden Hund wird bei solchen Verhaltensweisen mulmig. Denn er kann noch nicht wissen, ob dieser fixierende Hund ihn offensiv aggressiv oder als Beute angreifen wird oder ob aus diesem Anpirschen ein normaler Sozialkontakt wird.

Gute Nerven sind bei entgegenkommenden Hunden auch gefragt, wenn anpirschende oder anlauernde Hunde plötzlich auf den anderen Hund zuschießen, und er abschätzen muss, ob Stehenbleiben oder die direkte Gegenwehr gefragt ist. Seine Sozialkompetenz ist für den weiteren Verlauf sehr wichtig. Leider können sich sogar eigentlich freundliche Hunde im Anpirschen in eine solche Erregung hineinsteigern, dass sie letztendlich tatsächlich erregt über den anderen Hund herfallen und eine Keilerei beginnen.

Gute Beobachter können bei eigentlich sozial gestimmten Hunden im Anlauern kurze Beschwichtigungsgesten erkennen. Am häufigsten sieht man, dass der fixierende Blick durch ein kurzes Wegschauen unterbrochen wird oder dass der Kopf kurz etwas abgewendet wird.

Sympathie fördern

Neigt ein Hund zum Anlauern und Anpirschen bei Hundebegegnungen, ist es sinnvoll, eine kontrollierte Begegnung aufzubauen. Mit ihrer Hilfe können Sie dem entgegenkommenden Hund Verunsicherung und Angst nehmen und Ihren Hund sympathischer erscheinen lassen.

Ungeschriebenes Gesetz

Kommt ein angeleinter Hund entgegen, leint man seinen eigenen Hund an. Auch wenn der eigene Hund sich gut mit anderen verträgt, kann es bei dem entgegenkommenden Hund völlig anders sein oder aber er ist krank oder leidet unter chronischen Schmerzen.

Ist es bisher immer zu normalen Sozialkontakten bei Ihrem Hund gekommen, können Sie die Übung locker angehen. Nehmen Sie Ihren Hund zu sich, wenn Ihnen ein Hund entgegenkommt. Das sollte noch zu einem Zeitpunkt sein, zu dem Ihr Hund noch ansprechbar ist. Halten Sie dann Ihrem Hund ein Le-

Bei angeleinten Hunden müssen die Besitzer vorab klären, ob ein Kontakt erwünscht ist.

ckerchen neben die Nase, wenn er gerade einen Blick zu dem anderen Hund wirft. Sobald er den Kopf zur Seite zum Leckerchen dreht, geben Sie es ihm. Wiederholen Sie das so oft wie möglich, während Sie mit Ihrem Hund auf einen anderen zugehen. Beenden Sie die Übung, bevor Ihr Hund die Konzentration verliert, aber spätestens kurz vor Erreichen des anderen Hundes, und entlassen ihn in den Sozialkontakt – sofern dieser von Ihnen und vom entgegenkommenden Halter erwünscht ist.

Nach einigen Wiederholungen wird Ihr Hund Sie bereits erwartungsvoll ansehen, wenn er einen anderen Hund erblickt. Natürlich bekommt er dafür jedes Mal ein Leckerchen. Achten Sie aber auf eine klare Kopplung. Für ein Leckerchen muss Ihr Hund erst einmal kurz den entgegenkommenden Hund ansehen und dann von ihm weggucken. Er soll nicht durch ein Dauergegucke vom anderen Hund nur abgelenkt sein, sondern ein neues Verhaltensmuster bei der Begegnung mit anderen Hunden erlernen.

Das Training ohne Leine gelingt mit Hunden, die sich für Leckerchen interessieren oder es an anderer Stelle ge-

lernt haben, beim Besitzer mit Leckerchen zu trainieren. Bei Hunden, denen Leckerchen nicht wichtig sind oder/und ein stark ausgeprägtes Fixieren zeigen, kommt man häufig nur weiter, wenn man zunächst in gestellten Trainingseinheiten an der Leine übt, in denen der Hund und man selber den Übungsablauf verinnerlicht.
Mit der Zeit wird Ihr Hund die Übung immer besser beherrschen und die Begegnungen mit anderen Hunden werden entspannter. Ihr Hund steigert sich nicht mehr in sein Beuteverhalten, der andere Hund fühlt sich nicht mehr bedroht und kann sogar das Abwenden des Kopfes Ihres Hundes als Beschwichtigungsgeste empfinden. Und wenn der entgegenkommende Hund seinerseits entspannter in den Sozialkontakt mit Ihrem Hund geht, wird die Begegnung positiver ablaufen als unter Erregung und Verunsicherung.

Tipp

Besonders praktisch bei Begegnungen mit freilaufenden Hunden sind Leinen ohne Haken und Ösen, also einfache Seile oder ein Stück Feldleine. Diese können Sie Ihrem Hund zum Anleinen durch das Halsband ziehen, sodass Sie beide Enden in der Hand halten. Wollen Sie Ihren Hund in den Sozialkontakt entlassen, können Sie einfach ein Schnurende loslassen und Ihr Hund ist frei. So sparen Sie umständliche Ableinaktionen, die das Ende der Übung und den kommenden Sozialkontakt behindern können.

Dauerhüten

Vor allem bei Border Collies lässt sich immer wieder beobachten, dass sie andere Hunde dauerhaft hüten. Der gehütete Hund fühlt sich dadurch permanent bedroht und es kommt in der Regel irgendwann zu Keilereien. Denn es gibt nur wenige Hunde, die so etwas langmütig ertragen können. Im Falle einer Keilerei schreckt eine widerspenstige Beute allerdings einen echten Hütefreak nicht ohne Weiteres ab, sodass sogar eskalierende Beißereien entstehen können, weil der hütende Hund einfach nicht aufhört.

Ist der gehütete Hund selber abgelenkt, weil er seinerseits hütet oder ein Spielzeug-Junkie ist und sowieso auf nichts anderes achtet, können aber auch recht stabile Ketten von mehr als zwei Hunden entstehen.

Gerät Ihr Hund in die Rolle des Gehüteten, gehen Sie möglichst zügig weiter und retten Ihren Hund so aus der Situation.

Ist Ihr Hund derjenige, der hütet, arbeiten Sie mit ihm wie bei den Hundebegegnungen beschrieben und rufen ihn im Sozialkontakt zwischendurch immer wieder zu sich, sodass er gar nicht erst mit dem Hüten anfängt. Allerdings ist es bei Hunden mit sehr starker Veranlagung zum Anpirschen und Fixieren wirklich schwer, ein solches Verhalten zu beeinflussen. Die besten Erfolge lassen sich erreichen, wenn man mit dem Training beginnt, sowie das unerwünschte Hüteverhalten beginnt aufzutreten.

Hütehunde zu Hause

Wer glaubt, dass eine Wohnung grundsätzlich für Hunde langweilig ist, muss einmal einem jungen Hütehund zusehen. Für ihn kann alles Bewegliche interessant sein. Betrachten Sie die Welt der Wohnung einmal aus dieser Sicht. Und plötzlich fegen Sie nicht die Hundehaare zusammen, sondern bewegen einen Gegenstand mit puschigen Borsten. Dann ist es auch kein Rätsel mehr, wieso ein Hütehund auf Besen, Wischlappen und Staubsauger reagiert. Dazu ignorieren diese Dinger auch noch hartnäckig fixierende Blicke eines Hundes oder bewegen sich in unerwünschte Richtungen. Natürlich kann der Hund darüber sauer werden und das widerspenstige Ding durch kurze Attacken zur Vernunft bringen wollen.

Je stärker die Veranlagung zum Fixieren ist, desto interessanter findet der Hund bewegliche und wackelnde Dinge, die er beglotzen kann. Daher kann sogar eine laufende Waschmaschine Interesse wecken und einen kleinen Hütehund zum faszinierten Beobachter einer Waschtrommel werden lassen. Auch Fernsehen kann längerfristig attraktiv bleiben.

Aus menschlicher Sicht erscheint ein solches Verhalten sinnlos, fühlt sich für den jeweiligen Hund aber sinnvoll an, da das Fixieren selbstbelohnend wirkt.

Lässt man einen Hütehund „hirnlos“ etwas fixieren, wie z. B. eine laufende Waschmaschine, besteht eine große Gefahr, dass das Verhalten des Hundes Suchtcharakter annimmt und ihm gesundheitlich schadet. Weiterhin wird diese eine Sequenz des Fixierens nicht unbedingt befriedigend sein und er wird sich aufgeregt auf das Nächstbeste stürzen, woran er sich dann vollständig abreagieren kann. Die Wahrscheinlichkeit für eine Erweiterung seines Beutschemas steigt. Und je mehr sich der Hund auf sein Beuteverhalten fixiert, desto stärker wird es werden und damit verbundene Probleme nehmen zu.

Unerwartete Beute

Bewegliche Dinge sind in der Wohnung häufiger als man auf Anhieb denken würde. Haustiere in Aquarien, Terrarien, Käfigen oder freilaufend bzw. freifliegend in der Wohnung, Insekten, Lichtreflexionen an der Wand, die sich von Außenspiegeln vorbeifahrender Autos an einer Wand längs bewegen, blinkende Bälle, surrende, sich bewegende Spielzeuge, ferngelenkte Autos, die Discokugel für die Party und vieles mehr kann Beuteverhalten auslösen.

Überprüfen Sie Ihre persönliche Lebenssituation und überlegen Sie möglichst im Vorfeld, wo Hütepotential geweckt werden könnte.

Den Besen werde ich schon noch in den Griff bekommen.

Hüteverhalten in der Wohnung richtig lenken

Die erste wichtige Maßnahme ist immer, möglichst zu vermeiden, dass sich der Hund in unerwünschte oder „hirnlose" Beschäftigungen hineinsteigert.

- Machen Sie also die Tür zum Raum mit der Waschmaschine zu oder lehnen Sie sie für das Geräuscherlebnis an, wenn sie läuft und lassen Sie sie offen, wenn sie aus ist.
- Saugen Sie, während Ihr Hund in einem anderen Zimmer Knochen kaut oder ein anderes Familienmitglied sich mit ihm beschäftigt, und lassen Sie Ihren Hund zu anderen Zeiten in Ruhe den anfangs ausgeschalteten, später laufenden Staubsauger kennenlernen.
- Fegen Sie anfangs nur zum Training in Anwesenheit Ihres Hundes ein wenig, während Sie Ihren Hund mit Leckerchen dafür belohnen, dass er nicht den Besen anglotzt oder hinter ihm herläuft und hineinbeißt.
- Lassen Sie Ihren Hund nicht vor einem Gehege mit Zwergkaninchen (natürlich im Sinne der Kaninchen ein Megagehege und zwei Kaninchen, die sich mögen) sitzen und glotzen. Denn damit fühlen sich nicht nur die Kaninchen unwohl, wenn sie unter Dauerraubtierbeobachtung stehen, sondern auch Ihr Hund speichert dabei Kaninchen als Beute ab, was Sie auf Spaziergängen schmerzlich feststellen können. Denn nur mit ganz viel Glück (für Sie, nicht für Ihre Hauskaninchen) speichert Ihr Hund nur die „eigenen" Kaninchen als Beute ab.

Insgesamt wird Ihr Hund Ihnen an seinem Verhalten zeigen, was Sie extra üben müssen. Das kann gar nichts oder ein ganzer Berg an Problempunkten sein. Müssen Sie viel berücksichtigen, machen Sie sich eine Liste der von Ihrem Hund zum Hüten entdeckten Dinge. Stellen Sie alle die Punkte nach hinten, die Sie zunächst durch Organisation verhindern können und trainieren Sie als erstes an den Dingen, die sich im Alltag nicht vermeiden lassen. Nimmt man sich zuviel auf einmal vor, ist der Hund schnell überfordert und man selbst frustriert. Bewahren Sie sich die Freude am Training mit Ihrem Hund und gehen schrittweise vor. Und je mehr Sie schon trainiert haben, desto leichter werden Sie Neues erfolgreich mit Ihrem Hund bewältigen und das gewünschte Ziel erreichen.

Entspannung

Sie kennen sicherlich die glückseligen Momente, in denen Sie etwas für Ihre Entspannung tun. Auch Hunden sieht man solche Gefühle deutlich an. Auch für sie ist es wichtig, sich entspannen zu können.

Zum Entspannen gehören eine ruhige, reizarme Umgebung und ein gemütlicher Liegeplatz. Manche Hunde genießen gemütliche, weiche Kuschelbetten, andere liegen lieber auf kalten Steinen. Lassen Sie Ihren Hund ent-

Sich wälzen tut sooo gut.

scheiden und ermöglichen Sie ihm einen Lieblingsplatz, an den er sich zurückziehen kann.

Es fällt Hütehunden häufig schwer, sich zu entspannen, wenn sie interessanten Reizen ausgesetzt sind. Solange es etwas zu gucken gibt – und sei es an einem Panoramafenster – bleiben sie aufmerksam. Beobachten Sie diesen Effekt bei Ihrem Hund, schaffen Sie für Ihren Hund Auszeiten, in denen es nichts zu gucken oder zu verpassen gibt.

Sozialkontakt mit seinen Lieblingsmenschen ist ebenfalls ein wichtiger Punkt zur Entspannung. Gemütliche Kraul- oder Streichelstunden sind für alle Beteiligten ein Genuss. Ist Ihr Hund nicht so sehr für Streicheln, ermöglichen Sie ihm einfach mal engen Sozialkontakt, indem Sie sich beispielsweise zum Lesen auf den Boden setzen. Gesellt sich Ihr Hund zu Ihnen, genießen Sie es! Aber drängen Sie ihm das Streicheln nicht auf. Vielleicht möchte er einfach nur in Ihrer Nähe sein, ohne direkt durchgeknetet zu werden. Und wenn er nicht kommt? Dann kommt er eben nicht und genießt zu einem anderen Zeitpunkt etwas anderes zusammen mit Ihnen.

Aufmerksamkeit

Hütehunde sind meistens aktive Hunde, die empfänglich für die Zuwendung ihrer Besitzer sind. Sie können sich allein durch die Aufmerksamkeit ihrer Besitzer in ihrem Verhalten bestätigt fühlen. Sie beobachten ihre Besitzer genau und finden schnell heraus, welche Verhaltensweisen dazu führen, dass ihre Besitzer ihnen Aufmerksamkeit schenken. Das kann sogar so weit gehen, dass ein Hund nur noch damit beschäftigt ist, bei seinem Besitzer Aufmerksamkeit zu heischen und dadurch überaktiv erscheint.

Richten Sie daher das Hauptaugenmerk darauf, Ihrem Hund zu Hause immer dann die meiste Aufmerksamkeit zu schenken, wenn er sich gerade entspannt in der Wohnung aufhält und nichts von Ihnen fordert. Denn so fördern Sie Ruhe und entspanntes Verhalten zu Hause!

Langeweile

Zu viel Entspannung geht nahtlos in Langeweile über. Haben Sie einmal zu wenig Zeit für Ihren Hund, stellen Sie ihm Spielzeuge zur Selbstbeschäftigung oder Kauknochen zur Verfügung. Beginnen Sie diese Spielzeuge natürlich nur in Momenten vorzubereiten, in denen Ihr Hund sich ruhig verhält und nichts von Ihnen fordert. Denn auch mit solchen Aktionen belohnen Sie Ihren Hund für sein geduldiges Warten.

Spielzeuge, die sich Ihr Hund selbst nehmen kann, sollte er immer zur Verfügung haben, um sich damit beschäftigen zu können, wenn ihm langweilig ist. Nur die wichtigsten Spielzeuge, die Sie zum Arbeiten mit ihm brauchen, halten Sie unter Verschluss, damit sie ihre Wichtigkeit behalten.

Service

Zum Weiterlesen

Albers, Marion: Spiele und Action für ausgeglichene Hütehunde. Border Collie, Australian Shepherd und Co. rassegerecht auslasten. Verlag Eugen Ulmer, Stuttgart 2019

del Amo, Celina: Die neue Spaßschule für Hunde. Spielen, tricksen, clickern. Verlag Eugen Ulmer, Stuttgart 2016

del Amo, Celina, Karina Mahnke, Renate Jones-Baade: Der Hundeführerschein – Das Original. Sachkunde – Basiswissen und Fragenkatalog. Verlag Eugen Ulmer, Stuttgart 2021

Gröning, Pia: Spiele und Action für Jagdhunde. Retriever, Weimaraner, Beagle und Co. rassegerecht beschäftigen. Verlag Eugen Ulmer, Stuttgart 2019

Jakob, Anja: Hundespiele für zu Hause. Denksport, Tricks und Spiele. Verlag Eugen Ulmer, Stuttgart 2013

Leinweber, Marion: So versteht dich dein Hund. Körpersprache in der Hundeerziehung richtig einsetzen. Verlag Eugen Ulmer, Stuttgart 2020

Mahnke, Karina: Grundschule für Hunde. Sitz, Platz, Komm. Verlag Eugen Ulmer, Stuttgart 2008

Rauch, Liane: Hundetraining ohne Worte - das Praxisbuch. Verlag Eugen Ulmer, Stuttgart 2021

Schnepper, Christiane: Impulskontrolle für Treib- und Hütehunde. Für mehr Gelassenheit im Alltag. Verlag Eugen Ulmer, Stuttgart 2017

Sondermann, Christina: Einfach schnüffeln! Nasenspiele für den Hundealltag. Verlag Eugen Ulmer, Stuttgart 2017

Sondermann, Christina: Kauspielspaß für Hunde. Leckere Beschäftigungsidee einfach selbst gemacht. Verlag Eugen Ulmer, Stuttgart 2014

Sundance, Kyra: 101 Hundetricks. Verlag Eugen Ulmer, Stuttgart 2009

Internetlinks

www.bhv-net.de
Berufsverband der Hundeerzieher/innen und -verhaltensberater/innen (BHV)

www.vdh.de
Verband für das Deutsche Hundewesen (VDH)

www.gtvmt.de
Gesellschaft für Tierverhaltensmedizin und -therapie (GTVMT)

www.spass-mit-hund.de
Die Seiten wider die Langeweile und den grauen Hundealltag

www.vttp.de
Tierarztpraxis Karina Mahnke, Verhaltensmedizin und -therapie

Hinweis

Der Verlag Eugen Ulmer ist nicht verantwortlich für die Inhalte der im Buch genannten Websites.

Über die Autorin

Karina Mahnke ist Tierärztin mit der Zusatzbezeichnung Verhaltenstherapie. Sie behandelt seit 1999 in eigener Praxis ausschließlich verhaltensmedizinische Fälle und ist in der Weiterbildung für Tierärzte, Tierarzthelfer und Hundetrainer tätig. Privat lebt sie mit ihrer zweibeinigen Familie, zwei Hunden, 20 Rindern und 80 Schafen auf dem Land. Das Buch zum Großen Hütespiel ist entstanden, um hütebegeisterten Hunden eine Beschäftigung zu ermöglichen, die ihren angeborenen Fähigkeiten entspricht, aber nicht auf Kosten von Schafen erfolgt.
Der Titel und die Covergestaltung sind vom Verlag Eugen Ulmer festgelegt worden.

Porträtfoto Autorin: Rika Mahnke

Literaturquellen

Abrantes, Roger: Dog Language. An Encyclopedia of Canine Behavior. Wakan Tanka Publishers, Naperville 1997

Coppinger, Ray, Lorna Coppinger, Brigid Weinzinger: Hunde. Neue Erkenntnisse über Herkunft, Verhalten und Evolution der Kaniden. Animal Learn Verlag, Bernau 2003

Dr. Feddersen-Petersen, Dorit Urd: Ausdrucksverhalten beim Hund. Kosmos Verlag, 2008

Finger, Karl-Hermann: Hirten- und Hütehunde. Entstehung und Nutzung der Rassen und Schläge, ihre Haltung, Ausbildung und Leistungswettbewerbe. Ulmer Verlag, 1996

Scrimgeour, Derek: Talking Sheepdogs: Training your Working Border Collie. Good Life Press, 2008

Bildquellen

Alle Fotos im Innenteil fertigte Heike Schmidt-Röger (www.schmidt-roeger.de).
Titelfoto: Maren Leuker

Anmerkung zur Schreibweise (Gendering) der weiblichen, männlichen und unbestimmten Form

Ausschließlich aufgrund der deutlich besseren Lesbarkeit wird in diesem Werk auf die jeweilige Mehrfachnennung oder Anpassung der Schreibweise bestimmter Bezeichnungen verzichtet. So stehen die Namen der Vertreter verschiedener Fachbereiche (wie Hundetrainer etc.) selbstverständlich für alle, die diese Berufe ausüben oder vertreten.

Nachgeschlagen

Die in diesem Buch enthaltenen Empfehlungen und Angaben sind von der Autorin mit größter Sorgfalt zusammengestellt und geprüft worden. Eine Garantie für die Richtigkeit der Angaben kann aber nicht gegeben werden. Autorin und Verlag übernehmen keine Haftung für Schäden und Unfälle. Bitte setzen Sie bei der Anwendung der in diesem Buch enthaltenen Empfehlungen Ihr persönliches Urteilsvermögen ein.

Bibliografische Information der Deutschen Nationalbibliothek
Die Deutsche Nationalbibliothek verzeichnet diese Publikation in der Deutschen Nationalbibliografie; detaillierte bibliografische Daten sind im Internet über http://dnb.d-nb.de abrufbar.

Wollgrasweg 41, 70599 Stuttgart (Hohenheim)
E-Mail: info@ulmer.de
Internet: www.ulmer.de

Lektorat: Antje Munk, Kathrin Gutmann, Jennifer Zajonz
Herstellung: Judith Schumann
Umschlagentwurf: siegel konzeption I gestaltung, Stuttgart
Druck und Bindung: Firmengruppe APPL, aprinta Druck, Wemding
Printed in Germany

ISBN 978-3-8186-1510-9

HIER KÖNNEN SIE WEITERLESEN

Spiele und Action für ausgeglichene Hütehunde.

Border Collie, Australian Shepherd und Co. rassegerecht auslasten.

M. Albers. 2., erweiterte Auflage 2019. 112 S., 92 Farbfotos, Klappenbroschur.

ISBN 978-3-8186-0711-1

Langweilige Routinespaziergänge und stupides Bällchenapportieren? Nichts für Hütehunde! Erfahren Sie, wie Sie Ihren Hund kontrolliert auslasten und beschäftigen können - und das ganz ohne eigene Herde. Ein Test vorab verrät Ihnen, welcher Spieleyp Ihr Hund ist und welche Spiele sich dadurch besonders für ihn eignen. Zudem werden die 13 beliebtesten Hütehundrassen vorgestellt, wie z.B. Border Collie, Australian Shepherd, Mini-Aussie und Sheltie.

ENDLICH AUSGELASTET

Impulskontrolle für Treib- und Hütehunde.
Für mehr Gelassenheit im Alltag. C. Schnepper.
2017. 112 S., 66 Farbfotos,
Klappenbroschur.
ISBN 978-3-8001-0879-4.

Treib- und Hütehunde haben ein großes Bedürfnis nach körperlicher und geistiger Ausgeglichenheit und stellen ihre Halter damit oft vor eine große Herausforderung. Dieses Buch hilft Ihnen dabei, das impulsive Verhalten Ihres Hundes zu verstehen und gibt Ihnen wertvolle praktische Anleitungen, wie Sie Ihren Hund gemäß seiner Bedürfnisse trainieren können. Die Autorin zeigt Ihnen, wie Sie durch die richtige Auslastung und Struktur im Alltag zu einem ruhigen und gelassenen Zusammenleben mit Ihrem Hund finden und eine starke Bindung aufbauen können.

NIE WIEDER LANGEWEILE

Hundespiele für drinnen und draußen. Denksport, Tricks und Spiele für jeden Hund. A. Jakob, C. Weiß. 2022. 160 Seiten, 162 Farbf., Klappenbroschur.
ISBN 978-3-8186-0688-6

Neue Beschäftigungsideen gefällig? Ob im Park, im eigenen Garten oder im Wohnzimmer – mit diesem allumfassenden Spielebuch können Sie Ihren Hund überall und jederzeit mit neuen Kommandos, Tricks und Denksportaufgaben artgerecht beschäftigen. Mit den unzähligen bebilderten Schritt-für-Schritt-Anleitungen sehen Sie auf einen Blick, wie hoch der Zeitaufwand und der Schwierigkeitsgrad des Spiels sind und wie viel Platz Sie dafür benötigen.